COLLEGE PHYSICS
EXPERIMENT COURSE

大学物理
实验教程

主　编　胡亚华

副主编　刘俊星　牛连平　朱永安

编　著（按姓氏拼音排序）

胡亚华　刘俊星　马玉彬　牛连平

张建华　赵浙明　朱永安

復旦大學 出版社

前　言

　　大学物理实验是高等学校理工科类各专业进行科学实验基本训练的公共基础必修课,是大学生从事科学实验和研究的入门课程,也是各专业进行后续实验课程的重要基础.大学物理实验覆盖面广,具有丰富的实验思想、方法和手段,大学物理实验的基本实验技能训练,不仅可以加深学生对物理基本原理的理解,让大学物理的理论与实验融会贯通,还可以提高学生的科学实验能力和科学素养,培养学生实事求是的科学作风、严谨的科学态度和积极进取的探索精神.

　　本书是以教育部高等学校物理学与天文学教学指导委员会物理基础课程教学指导分委员会颁发的《理工科类大学物理实验课程基本要求》所提出的普通高校物理实验课程具体任务,在多年物理实验教学改革实践的基础上,结合当前高等教育发展的需要着力编写而成.全书共分成 3 个部分,包括绪论、物理实验和实验报告活页.绪论部分主要介绍了本课程的基本理论知识,包括物理实验的基本方法、测量与误差、不确定度及测量结果的计算、有效数字、数据处理的方法和计算机技术在实验数据处理中的应用.物理实验部分介绍了实验课程可以选择学习的物理实验,涵盖了力学、热学、电磁学、光学和近代物理.在实验内容的选取上,在保证基础性和实用性的前提下不失时代性;在实验原理的阐述上,力求简明扼要、由浅到深、循序渐进、水到渠成;在实验内容与步骤的安排上,强调与实验理论内容的自然衔接,可使学生在明确具体实验原理和目的的前提下有序开展实验操作;在实验数据的处理上,尽量给出详细的推导过程和计算公式,培养学生严谨求是的科学作风.另外,在每个实验的开头均简单地叙述了该实验的背景和意义,以此来激发学生的学习热情和兴趣;在实验的结尾给出了思考题,促进学生在学习的过程中积极思考、学会总结、加深理解.实验报告活页部分提供了学习本课程配套的实验报告册,在实验数据记录及处理上给出了具体的表格和详细的计算公式,免去了表格绘制和公式推导等繁琐工作,可使学生把主要精力放在实验上.本书的宗旨是通过实验中的各个环节来培养学生在实验方法、实验技能、误差分析和实验报告等各方面初步的能力和严谨的科研作风.本书的特点是贴合当前实验技术的发展和现状,实用性强,并能在减少一些不必要负担的前提下,提高学生的学习兴趣和积极性,创造一个轻松学习大学物理实验的良好氛围.

　　物理实验室建设和发展伴随着物理实验仪器的更新换代,迫切需求与之配套的实验教材.本书是在嘉兴南湖学院历届所用教材的基础上,经多次调整、更新和扩充而成,凝聚了全校大学物理实验教师的智慧和心血.参加本书编写的老师有胡亚华、刘俊星、马玉彬、牛连平、张建华、赵浙明、朱永安(按姓氏拼音排序).本书的编写得到了嘉兴南湖学院领导的大力支持,嘉兴学院大学物理实验教师对书稿内容也提出了许多宝贵意见,特别是袁国祥老师对书稿内容进行了认真的审定,在此表示衷心的感谢!

由于编者水平有限,书中定有考虑不周之处,恳请读者指正.现代教育技术的更新迭代已经不可能使一本教材多年不变,我们将紧跟时代步伐,不断深化课程教学改革,努力编写出更有特色的教材,为大学物理实验教学贡献自己的绵薄之力.

编 者

2022 年 4 月

目　录

绪　论

物理实验

附　录

实验报告(活页)

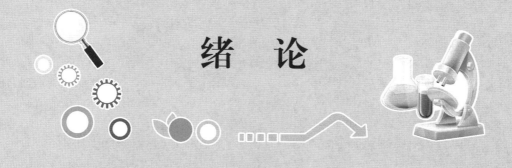

绪　论

第一节　大学物理实验的意义、任务及要求

一、大学物理实验的意义

物理学是研究物质的基本结构、基本运动形式、相互作用及其转化规律的自然科学.物理学的基本理论渗透在自然科学的各个领域,应用于生产技术的许多部门,是其他自然科学和工程技术的基础.物理学的研究方法通常是在观察和实验的基础上,对物理现象进行分析、抽象和概括,建立物理模型,探索物理规律,进而形成物理理论.物理规律是实验事实的总结,而物理理论的正确与否需要实验来验证."大学物理"和"大学物理实验"是两门关系密切的课程.我们学习物理学,要认识各种物理现象,掌握物理现象形成与演变的规律,了解各种实验方法.而物理实验需要数学和物理的理论指导,建立起数学和物理模型.在物理实验过程中,通过理论的运用和现象的观测与分析,理论与实验相互补充,以加深和扩大对物理知识的理解.

学习大学物理实验,不仅仅是观察物理现象,更重要的是找出物理现象中各物理量之间的数量关系,发现它们变化的规律.任何一个物理定律的确定,都必须依据大量的实验素材.即使已经确定的物理定律,如果出现了新的实验事实和这个定律相违背,那么便需要修正原有的物理定律或物理理论,因此,物理学本质上是一门实验科学,物理实验是物理理论的基础,它是物理理论正确与否的试金石,物理实验在物理学产生、建立和发展的过程中都起着至关重要的作用.

物理实验不仅在其自身发展中有着重要的作用,而且对于推动自然科学和工程技术的发展也起着重要的作用.原子能、半导体和激光等最新科技成果仅仅依靠总结生产技术经验是发现不了的,只有在科学家的实验室里才会被发现.现代化的企业为了不断地改进生产过程和创新产品,都十分重视实验研究工作,都有相当规模的实验室.所以,科学实验是自然科学的根本,是工程技术的基础.特别是近代各学科相互渗透,发展了许多交叉学科,物理实验的构思、方法和技术与化学、生物学、天体学等学科相互结合,已经取得并将继续取得更大的成果.因此,我们要处理好实验与理论的关系.理论课是进行物理实验必要的基础,在实验过程中,通过理论的运用与现象的观测和分析,理论与实验相互补充,从而加深和拓展学生的物理知识.物理实验是科学实验的先驱,体现了大多数科学实验的共性,在实验思想、试验方法和实验手段等方面是各学科科学实验的基础.物理实验课是高等院校对学生进行科学实验基本训练的必修基础课程,是大学生接受系统实验方法和实验技能训练的开端.我们需要努力学习和掌握科学实验技术,为今后从事科学研究和工程实践打下扎实基础.

二、大学物理实验的任务

物理实验是一门独立的必修基础实验课程,是高校理工科进行科学实验训练的一门重要的基础课程,也是素质教育的重要环节.物理实验在培养学生运用实验手段观察、分析、发现、研究和解决问题,进行科学实验基本训练,提高动手能力和科学实验素养等方面都起着重要的作用,同时也为学生今后的学习和工作奠定良好的实验基础.物理实验课主要完成以下 3 项任务.

(1)通过对实验现象的观察、分析和对物理量的测量,学习有关实验的基本知识、基本方法和基本技能,加深对物理学原理的理解,提高学习能力.

(2)培养和提高学生的科学实验能力,包括能够通过阅读实验教材或资料做好实验前的准备工作,能够自己动手组建实验测量系统,能够正确使用仪器,能够运用物理学原理对实验现象进行观察、分析和判断,能够正确记录、处理实验数据,绘制图表,撰写合格的实验报告,能够完成具有设计性内容的实验.

(3)培养学生的理论联系实际和实事求是的科学作风、探索精神、创新精神以及严格、细致、实事求是、一丝不苟的科学态度,培养与提高学生的自主学习能力和创新能力,培养学生善于动手、乐于动手、遵守操作规程、爱护国家财产、注意安全等良好的科学习惯.

实验教学以培养学生科学实验能力与提高学生科学实验素养为重点,使学生在获取知识的自学能力、运用知识的综合分析能力、动手实践能力、设计创新能力以及严肃认真的作风、实事求是的科学态度等方面得到训练与提高.

三、大学物理实验的要求

1. 学好误差理论

误差理论是大学物理实验中进行数据测量和处理所必备的基础知识.每一个物理实验都要先进行测量,再对所得的数据进行数据处理得出结论,这两个过程都需要误差理论作为基础知识.只有掌握了误差理论,才能得到正确而合理的实验数据;只有掌握了误差理论,才能够对所得的实验数据进行精确、合理的计算,得出严格、精确的实验结论;只有掌握了误差理论,才能对该实验成功与否做出判断.误差理论与每一个物理实验息息相关、至关重要.掌握误差理论,是确保每个实验能够顺利完成的关键.另外,误差理论也是其他学科相关实验数据处理的理论基础.

2. 课前预习

每个实验的完成都要分 3 步进行,即课前预习、实验操作、课后实验报告.下面将具体介绍这 3 个过程.

课前预习是实验的基础,是一次"思想实验"的练习,即在课前认真阅读实验教材和有关资料,弄清实验目的、原理和方法,然后在头脑中"操作"这一实验,拟出实验步骤,思考可能出现的问题和得出怎样的结论,最后写出预习报告.

物理实验课与理论课不同,它的特点是学生在教师的指导下自己动手,独立完成实验任务.因此,实验前必须认真阅读教材、做好预习.预习的内容包括以下 6 个方面.

（1）实验目的：通过该实验，要得到或验证什么结论，从该实验中能够学到什么.

（2）实验原理：认真阅读实验教材和参考资料，对实验内容作全面的了解.如果相应的理论并未接触，一定要找到相应的参考资料进行预习.该实验通过什么途径得出结论，实验中用到哪些物理理论，必须对基本方程、表达式和原理图有足够的理解和掌握.

（3）实验仪器：对相应的实验仪器要有一定的认识，了解仪器的规范操作过程.

（4）实验内容与步骤：结合实验原理，明确每个实验要做哪些内容，要测量哪些物理量，具体有哪些步骤，每个步骤是如何进行的，要到达什么目的，知道"做什么，怎么做".

（5）注意事项：了解仪器使用和实验操作过程中应该注意的事项.

（6）数据记录及处理：按照教材提供的数据记录表，明确每个实验所需记录的数据，哪些是直接测量量，各用何种仪器和方法测量，哪些是间接测量，如何进行计算，结果的不确定度如何估算，等等.

在进行预习时，应该把精力重点放在对实验原理的理解上，要在实验报告册上完成预习报告，内容包括实验目的、实验原理、实验内容和步骤、注意事项等.实验原理切忌整篇照抄，可以用简短的文字扼要地阐述，力求做到图文并茂，尽量用作图的方法来表示原理图、电路图和光路图.写出实验所用的主要公式，说明公式中各物理量的意义和单位，以及公式适用条件（或实验必要条件）.要求在实验原理部分，必须出现基本方程、公式和必要的原理图，这是预习的重点！

注意：未完成预习和预习报告者，教师有权停止其实验或将成绩降档！

3. **实验操作**

实验操作的内容包括仪器的安装和调整、观察实验现象和选择测试条件、读数和数据记录等.实验操作应始终在明确的理论指导下进行，要逐步学会分析实验，排除实验中出现的各种故障，而不能过分地依赖教师.

（1）实验仪器：记录实验所用主要仪器的编号和规格.记录仪器编号是一个很好的工作习惯，便于以后对实验进行复查.

（2）实验过程：根据实验内容和步骤进行操作，对观察到的现象和测得的数据要及时进行判断，判断它们是否正常与合理.在实验过程中可能会出现故障，这时，一定要在教师的指导下，分析故障原因，学会排除故障的本领.

（3）数据记录：把测得的实验数据填写到实验报告册的原始数据记录表中.数据记录应做到整洁、清晰而有条理，便于计算与复核，达到省工、省时的目的，养成科学记录实验数据的良好习惯.物理量数据要有单位，数据不得任意涂改.

进入实验室要遵守实验室规则.在实验过程中，要对所得结果做出粗略的判断，与理论预期一致时，再交教师签字认可.教师检查、签字确认无误后，实验完成.

注意：实验完毕后，要整理好所用的仪器，做好清洁工作，数据记录须经教师审阅签名！

4. **课后实验报告**

实验报告是实验工作的总结，一份好的实验报告要有清晰的思路和见解.要养成在实验操作后在预习报告的基础上尽早写出实验报告的习惯，即对原始数据进行处理和分析，得出实验结果，并进行不确定度评估和讨论.这是完成一个实验题目的最后程序，也是对实验进行全面总结分析的一个过程,必须予以高度重视.

(1)数据处理:按照教材提供的数据表进行相应的计算,对间接测量量要按照相应的计算公式代入数值进行运算,误差计算要预先写出误差公式,计算过程和结果要遵循有效位数取位规则.

(2)结果讨论:对实验结果进行分析讨论和自我评价,写出实验心得或建议等.如果实验结果偏差较大,可以对实验中出现的问题进行说明和讨论.完成教师指定的思考题和作业题.

撰写实验报告有助于锻炼逻辑思维能力,把自己在实验中的思维活动变成有形的文字记录,发表自己对本次实验结果的评价和收获,实验报告可供他人借鉴,促进学术交流.因此,撰写实验报告要求做到书写清晰、字迹端正、数据记录整洁、图表合适、文理通顺、内容简明扼要.

注意:预习报告、数据记录和实验报告均用实验室编制的实验报告册!

5. 实验室规则

为了保证实验正常进行,以及培养严肃认真的工作作风和良好的实验工作习惯,要遵守物理实验室的实验室规则,物理实验室规则如下:

(1)学生应在课程表规定时间内进行实验,严禁无故缺席或迟到.实验时间若要变动,须经实验室同意.

(2)学生应在每次实验前对该实验进行预习,并完成预习报告.进入实验室后,应将预习报告交教师检查,经过教师检查认为合格后,才可以进行实验.

(3)实验时应携带必要的物品,如文具、计算器和草稿纸等.对于需要作图的实验应事先准备毫米方格纸和铅笔.

(4)进入实验室后,根据实验卡片框或仪器清单核对自己使用的仪器是否缺少或损坏.若发现有问题,应向教师或实验室管理员提出.未列入清单的仪器,另向管理员借用,实验完毕后归还.

(5)实验前应细心观察仪器构造,操作应谨慎、细心,严格遵守各种仪器和仪表的操作规则及注意事项.尤其是电学实验,线路接好后先经教师或实验室工作人员检查,经许可后才可接通电路,以免发生意外.

(6)实验完毕前应将实验数据交给教师检查,实验合格者教师予以签字通过.余下时间可以在实验室内进行实验计算和完成作业题,待下课后方可离开.实验不合格或请假缺课的学生,由指导教师登记,通知其在规定时间内补做.

(7)实验时应注意保持实验室整洁、卫生、安静.实验完毕应将仪器、桌椅恢复原状,放置整齐.

(8)如有仪器损坏,应及时报告教师或实验室工作人员,并填写损坏单,注明损坏原因.赔偿办法根据学校规定处理.

综上所述,通过实验课的教学,能够使学生的智能得到全面的训练和提高.各类实验方法、技巧的训练应由易到难、循序渐进.在规范、严格要求的前提下,也要有意识地进行强化训练.随着实验课的深入进行,逐步培养学生自觉、独立地完成实验的能力,由封闭式"黑匣子"实验室,向开放型、研究型实验室过渡,培养出跨世纪的"四有"人才.

第二节　物理实验的基本方法

一、物理实验的基本方法

物理测量泛指以物理理论为依据,以实验仪器和装置及实验技术为手段进行测量的过程.其内容非常广泛,包括对力学量、热学量、电学量、光学量和原子分子物理量的测量等.测量的方法也很多,按测量方法分类,可分为直接测量、间接测量、组合测量等;按测量内容分类,可分为电学量测量和非电学量测量两类;根据测量过程中被测物理量是否随时间的变化,又可分为静态测量和动态测量等.这里仅对物理实验中常用的几种基本测量方法作简要的介绍.

1. 比较法

比较法是物理实验中最普遍、最基本的测量方法,它是通过将待测物理量与选作标准单位的物理量进行比较而得到测量值.比较法主要有以下 3 种形式.

(1) 将待测量和标准量具直接比较,如用米尺测量长度,其中最小分度毫米就是作为比较使用的"标准单位".此类直接比较的标准单位一般可选标准量具.这样,测量的准确度主要决定于标准量具的准确度.

(2) 将待测量和与标准量值相关的仪器比较,如用电表测电流或电压、用温度计测温度等.在此类比较中,这些物理量通常难于直接制成标准量具,因而先制成与标准量值相关的仪器,再用这些仪器与待测量进行比较,这种仪器也可称为量具,如温度计、电表等.

(3) 通过配置的比较系统,使待测量和标准量具能够实现比较,如用电位差计测电压、用电桥测电阻等.由标准电池和比较电阻等附属装置组成电位差计和电桥,称为比较系统.

在比较法中,被选作比较用的标准单位与待测量应该是同类物理量.比较测量、比较研究是科学实验和科学思维的基本方法,具有广泛的应用性和渗透性.在测量中常用的替代法和置换法,其实也是比较法的一种,它们的特点是异时比较.实际上,所有物理量的测量都是将待测量与标准量进行比较的过程,只不过比较的形式不那么明显而已.

2. 放大法

将物理量按照一定规律加以放大后进行测量的方法称为放大法,这种方法对微小物理量或对物理量的微小变化量的测量十分有效.放大法主要有 4 种形式.

(1) 积累放大法:如用计时装置测量扭摆的周期,通常不是测一个周期,而是测量累计摆动 10 个周期的时间;在劈尖干涉实验中,通过测量几十条条纹的间距除以条纹的数目来获得一条条纹的宽度.

(2) 机械放大法:如游标卡尺,利用游标原理将读数放大测量;螺旋测微计、读数显微镜和迈克尔逊干涉仪的读数装置等,是利用螺距放大原理来提高测量精度.

(3) 光学放大法:如拉伸法测杨氏模量实验中的光杠杆放大法、光电放大式检流计、读数显微镜将被测物体放大后进行测量等.

（4）电子学放大法：对微弱电信号（电压、电流、功率等）经电路或电子仪器放大后进行观测.如电桥平衡指示仪、晶体管毫伏表等仪器均利用电子学放大原理进行测量.

3. 换测法

换测法是根据物理量之间的各种效应、物理原理和定量函数关系，利用变换的思想进行测量的方法.它是物理实验中最富有启发性和开创性的一个方面.换测法大致可分为参量换测法和能量换测法两类.

（1）参量换测法：利用各种参量的变换及其变化的相互关系，以达到测量某一物理量的目的.该方法在物理实验中的应用很多.例如，最常见的玻璃温度计就利用在一定范围内材料（水银、酒精等）的热膨胀与温度的线性关系，将温度测量转换为长度测量.

（2）能量换测法：利用能量相互转换的规律把某些不易测量的物理量转换为易于测量的物理量.考虑电学参量的易测性，通常使待测量的物理量通过各种传感器或敏感器件转换成电学量进行测量，如热电转换（温差热电偶、半导体热敏元件等）、压电转换（压电陶瓷、压敏电阻等）、光电转换（光电管、光电池等）等.

4. 补偿法

补偿法在实验中经常被使用，定义如下：某系统受某种作用产生 A 效应，受另一种同类作用产生 B 效应，如果由于 B 效应的存在而使 A 效应显示不出来，就叫做 B 对 A 进行了补偿.

完整的补偿测量系统由待测装置、补偿装置、测量装置和指零装置组成.待测装置产生待测效应，要求待测量尽量稳定、便于补偿.补偿装置产生补偿效应，要求补偿量值准确达到设计的精度.测量装置可将待测量与补偿量联系起来进行比较.指零装置是一个比较系统，它将显示出待测量与补偿量比较的结果.比较方法可分为零示法和差示法两种.零示法称完全补偿，差示法称不完全补偿.一般都采取零示法，这是因为人的眼睛对刻线重合要比刻线不重合而需估读的判断能力高出 10 倍左右.所以，零示法可以提高补偿测量精度.电位差计是典型的电压补偿应用，具有很高的测量精度.

5. 模拟法

模拟法是以相似性原理为基础，不直接研究自然现象或过程本身，而是用与这些现象或过程相似的模型来进行研究的一种方法.模拟法可分为物理模拟和数学模拟.

（1）物理模拟：保持同一物理本质的模拟.例如，用"风洞"中的飞机模型模拟实际飞机在大气中的飞行.

（2）数学模拟：指把不同本质的物理现象或过程用同一个数学方程来描述.例如，在模拟法测绘静电场实验中用稳恒电流场模拟静电场，就是基于这两种场的分布具有相同的数学形式.

近些年来，随着计算机技术的不断发展和广泛应用，用计算机进行实验的辅助设计和模拟实验已经成为一种全新的模拟方法.计算机模拟实验可以模拟每一项实验，包含实验原理、实验方法、实验仪器调节、实验过程实现、数据计算、问题分析等完整的过程.在从事科学实验研究时，有时会受到实验设备、材料、经费、时间等条件的限制，或者对有些代价高昂的实验需要做前期准备，如果用真实设备进行实在的实验往往是不可能的，或者是很不经济的,用计算机进行模拟实验就显得尤为重要.

上述 5 种基本测量方法在物理实验中得到广泛应用,这些实验方法在工程测量中也得到广泛应用.除了上述常见的 5 种方法之外,还有"替代法"、"共轭法"、"示踪法"、"符合法"等.实际上,在物理实验中各种方法往往是相互联系、综合使用的.在进行实验时,应认真思考、仔细分析、不断总结,逐步积累丰富的实验方法,并在科学实验中灵活运用.

二、物理实验的基本调整技术

1. 零位调整

在测量前应首先检查各测量仪器的零位是否正确,不要认为仪器在出厂时都已校准好.实际上,由于搬运、使用磨损或环境条件的不同等原因,其零位会发生变化.对于有偏差的零位要进行调整或校准,否则将对测量结果引入系统误差.零位调整有以下两种方法.

(1) 利用仪器的零位校准器进行调整,如天平、电表等.

(2) 无零位校准器,则可利用初读数对测量值进行修正,如游标卡尺和千分尺等.

2. 水平、铅直调整

在实验中,有些仪器需要进行水平或铅直调整,如平台的水平或支柱的铅直状态等.需要调整水平或铅直状态的实验装置,一般在平台或支柱上装有水准仪或悬锤,调整时只要调整底座上的 3 个地脚螺丝使水准仪中的气泡居中、或使悬锤的锤尖对准底座上的座尖即可,如测量转动惯量的扭摆仪水平的调整和天平立柱铅直的调整等.对没有配置水准仪或悬锤的仪器,需要调水平或铅直时,可利用自身的装置进行调整,如杨氏模量仪可以通过调整地脚螺丝使砝码托处在两立柱的中间位置以达到立柱的铅直.

3. 视差消除

在测量读数时,经常会遇到读数标线(指针、叉丝)和标度尺(盘)不重合的情况.例如,电表的指针和标度面总是离开一定的距离,当眼睛在不同位置观察(如侧视)时,读得的指示值就会有一定的差异,这就是视差.有无视差可根据观察时人的眼睛稍稍移动、标线与标尺刻度是否有相对运动来判断.消除视差有两种方法.

(1) 对有反射镜的电表读数时,应做到正面垂直观察,人的视线铅直正视,使指针与刻度槽下面平面镜中的像重叠,读出标尺上无视差的读数才是正确的方法.

(2) 用带有叉丝的测微目镜、读数显微镜和望远镜测量时,应仔细调节目镜和物镜的距离,使被观察物体从物镜后成像在叉丝所在的平面内,即可消除视差.

4. 等高共轴调整

在光学实验测量之前,要求将各元件调整到等高共轴状态,即要求各光学元件主光轴等高且共线.等高共轴调节分两步进行.

(1) 粗调:用目测法将各光学元件的中心以及光源中心调成共轴等高,使各元件所在平面基本上相互平行且铅直.

(2) 细调:利用光学系统本身或借助其他光学仪器,依据光学基本规律来调整.例如,依据透镜成像规律,由自准直法和二次成像法调整等高共轴等.

5. 逐次逼近法

调节与测量应遵守逐次逼近的原则,特别是对于零示仪器(如天平、电桥、电位差计

等),采用正反向逐次逼近的方法,能迅速找到平衡点.分光计中所用的"各半调节法"也属于逐次逼近法.

三、物理实验的基本操作技术

1. 电学实验的基本操作

(1)仪器的布局:做电学实验时,合理的仪器布局是顺利做好实验的重要一环.仪器布局得当,可使接线顺手、操作方便、不易出错,即使出了错也容易查出.仪器布局的原则如下:为了连线方便,一般各仪器应按照电路图中的位置摆好.但是,为了便于操作、易于观察、保证安全,有的仪器不一定完全按照电路图中的位置对应布置.例如,经常要调节或读数的仪器可放在操作者近处,电源可放在靠后,电源开关前不要放东西,以防万一电路出现故障时可以及时断开电源.仪器总体摆放要整齐.

(2)电路的连接:电路连接是电磁学实验的一项"基本功".在充分理解电路图的原理和安排好仪器布局之后,即可开始接线.接线一般先从电源的正极开始(注意:电源开关要断开),依照电路原理图,按照从高电位到低电位的顺序连接.如果电路比较复杂,可分成几个回路,连好一个回路再连另一个回路,切忌乱连!

(3)通电试验:通电之前要先把各变阻器调至安全位置,限流器的阻值要调至最大,分压器要调到输出电压最小的位置.若无法预估电压、电流大约数值时,应取电表最大量程.检流计的保护电阻应滑至最大位置.在可能的情况下,应事先预估各表针的正常偏转位置.接通电源时应手握电源开关,充分利用视觉、听觉和嗅觉,注视全部仪器,发现表针有反向偏转或超出量程、电路打火或冒烟、出现焦臭气味或特殊响声等异常现象时,应立即切断电源、重新检查.在排除故障前千万不可再通电.在实验过程中要改接电路时,必须断开电源.

(4)断电和整理仪器:实验结束后不应忙于拆线路,应先分析数据是否合理、有无漏测或可疑数据,必要时要及时重测或补测.在实验课上经教师检查确认实验数据无误后方可拆线.拆线前应首先把分压器和限流器再度调至安全位置,以减小电压和电流,避免断电时电表剧烈打针或交流元件产生反向感应电压击穿其他元件或仪器仪表.然后切断电源开关,开始拆线.拆线应从电源开始,这样可以防止万一忘记关电源时,因导线短路而引起烧坏仪器、触电、起火等事故.拆下的导线整理好,再将仪器、仪表摆放整齐.

(5)安全用电:安全用电是实验中必须十分注意的问题.要预防触电,就必须不直接接触高于安全电压值(36 V)的带电体,特别不能用双手触及电位不同的带电体.实验使用的电源通常是220 V的交流电和0~24 V的直流电,但有的实验电压高达1万伏以上.所以,在做电学实验的过程中要特别注意人身安全,谨防触电事故发生.实验者应注意以下事项.

① 在接线、拆线时,必须在断电状态下进行.

② 操作时人体不要触及仪器的高压带电部位.

③ 在带电情况下操作时,凡是不必用双手操作的,尽可能用单手操作,以减小触电危险.

④ 在做高压实验时,必须采取一定的保护措施,如站在胶皮绝缘垫上进行操作、机壳接地等.

2. 光学实验的基本操作

（1）光学实验有自校准、被校准和互校准3种校准方法.

① 自校准：自校准是利用自身的设置来校准自身状态的一种方法.例如,分光计上的自准望远镜就是通过自身装置的调节达到标准状态,即适合观察平行光,其光轴垂直于仪器转轴.

② 被校准：被校准就是由一个作为基准的仪器校验待校的仪器.例如,分光计上的平行光管是以校准后的自准望远镜为基准进行校准,使之出射平行光就是被校过程.被校准是应用最多的校准方法.在光学系统调节过程中,首先弄清哪个是基准、应对谁进行调节、应出现什么现象,然后再动手进行操作,就会取得事半功倍的效果.

③ 互校准：互校准是指待校准的双方均未达到标准状态,根据二者之间的关系进行检验的调整方法.例如,在分光计调整中,一边调望远镜的平行度,一边调反射镜的角度,使望远镜轴线、载物台平面均垂直于分光计的主轴就是一例.因为在互校准的过程中,谁都不处于标准状态,因此,必须采用互为参照、互相逼近的调节方法(有时简称为"各半调节").

（2）成像准确位置的判断：根据透镜成像规律,像与物是共轭的,只有在共轭像面上才能得到理想的像.为了准确地定出共轭像面位置,必须有意识地找出焦深范围,即向前、向后移动光屏,找到两个像开始变模糊的位置,两个位置之间的距离即焦深.焦深范围的中点就是共轭像面的位置.

（3）光学仪器的使用：光学元件大都是玻璃制品,光学面都要经过精细抛光,光学仪器的机械系统大都要经过精密加工.所以,光学仪器精度高、价格贵、易损坏.使用时要特别小心,要注意光学仪器的保护,机械部分操作要轻稳,光学面要保持清洁,还要注意用眼安全.

第三节　测量与误差

一、测量及分类

1. 测量

任何实验都离不开测量,没有测量就没有科学.在一定条件下,任何物理量都必然具有某一客观、真实的数据.所谓测量,就是把待测的物理量与一个被选作标准的同类物理量进行比较,确定它是标准量的多少倍.这个标准量称为该物理量的单位,这个倍数称为待测量的数值.可见一个物理量必须由数值和单位组成,两者缺一不可.如 273.15 K,0.618 s,3.0×10^8 m/s 等.选作计量单位的标准必须是国际公认的、唯一的、稳定不变的.例如,对于"秒"单位的确定,1967 年第 13 届国际计量大会决定采用铯原子钟作为计量基准,定义 1 秒的长度等于铯 133 原子基态两个超精细能级间跃迁相对应的辐射周期的 9 192 631 770 倍.在物理实验中一般常用国际单位制(SI).

2. 测量的分类

按照获得数据方法的不同,测量可分为直接测量和间接测量.

(1) 直接测量:将被测量直接与标准量(量具或仪表)进行比较,直接读数获取数据,相应的测得量称为直接测量量.如米尺测量长度、温度计测量温度、天平测量质量等.

(2) 间接测量:在物理实验中,大多数物理量没有直接测量的量具,不能直接获取数据,但能够找到它与某些直接测量量的函数关系.这种通过测量某些直接测量量、再根据某一函数关系而获取被测量数据的测量,称为间接测量,相应的测得量就是间接测量量.如物质的密度、物体运动的速度、物体的体积等.间接测量是建立在直接测量基础上的,也就是说,间接测量是通过直接测量而获得.

二、误差

1. 真值、约定真值

所谓真值,是指在研究某量时其所处的条件十分完善而测定的量值(或称物理量客观存在的量值).物理量的真值是理想的概念,一般是不可能准确测量的.为了对测量结果的误差进行估算,可以用约定真值来代替真值求误差.所谓约定真值,就被认为是非常接近真值的值,它们之间的差别可以忽略不计.一般情况下,经常把多次测量结果的算术平均值、标称值、校准值、理论值、公认值、相对真值等作为约定真值来使用.

2. 绝对误差

由于测量条件(环境、温度、湿度等)的变化以及仪器精度的不同,在任何测量中,测量结果与待测量客观存在的真值之间总存在一定的差异,也就是说,误差是永远存在的.为描述测量中这种客观存在的差异性,可以引入测量误差的概念.

测量误差(δ)就是测量值(x)与被测量的真值(a)之差,即

$$\delta = x - a.$$

上面定义的误差反映了测量值偏离真值的大小和方向(正或负),因此又称为绝对误差.在没有特别指明时,误差就是用绝对误差来表示.

3. 相对误差

仅仅根据绝对误差的大小还难以评价一个测量结果的可靠程度,还需要看测量值本身的大小,为此引入相对误差的概念.例如,用同一仪器进行两次测量:①测量 10 m 相差 2 cm,②测量 20 m 相差 2 cm,两次测量的绝对误差相同,但哪次测量的结果准确一些呢?

显然,只有绝对误差还难以评价测量结果的可靠程度,因此引入相对误差的概念.相对误差是绝对误差与真值之比,真值不能确定则用约定真值.在近似情况下,相对误差也往往表示为绝对误差与测量值之比,用百分数表示,即

$$E = \frac{\delta}{x} \times 100\% \approx \frac{|\delta|}{x} \times 100\%.$$

如果待测量有理论值或公认值,也可用百分差来表示测量的好坏,即

$$E_0 = \frac{|测量值 - 公认值|}{测量值} \times 100\%.$$

因此,在测量过程中,要建立起误差永远伴随测量过程始终的实验思想.不标明误差的测量结果,在科学上是没有价值的.

三、误差的分类

既然测量不能得到真值,那么,怎样才能最大限度地减小测量误差,并估算出误差的范围呢? 要回答这些问题,首先要了解误差产生的原因及其性质.测量误差主要来源于测量方法、测量者、使用仪器、环境等各方面.为了便于分析,根据测量误差的来源和特点可分为系统误差和随机误差.

1. 系统误差

系统误差是指在同一条件下多次测量同一物理量时,误差的大小和符号均保持不变,或当条件改变时,按照某一确定的已知规律而变化的误差.系统误差的特点是它的确定性,即实验条件一旦确定,系统误差就获得一个客观上的确定性,如果实验条件发生变化,系统误差也按一种确定规律变化.系统误差的主要来源有以下 4 个方面.

(1) 仪器误差:由于使用的测量仪器和仪表的不准确所引起的基本误差.如仪器刻度不准、零点位置不正确、仪器的水平或铅直未调整、天平不等臂等.

(2) 理论误差:由于实验理论不严密或实验方法不完善所产生的误差.凡是在测量结果的表达式中没有得到反映,而实际测量中又起作用的一些因素所引起的误差,都称为理论(方法)误差.例如,测量设备的绝缘漏电,用伏安法测电阻没有考虑电表内阻的影响,用单摆测重力加速度时取 $\sin\theta \approx \theta$ 带来的误差等.

(3) 环境误差:当测量仪器偏离规定条件使用时,如环境的影响、电源电压、频率、外界磁场等发生变化造成的测量误差.例如,标准电池是以 20 ℃时的电动势数值作为标称值,若在 30 ℃条件下使用时不加以修正就会引入系统误差.

(4) 个人误差:由于实验者的分辨能力、感觉器官的不完善和生理变化、反应速度和固有习惯等引起的误差造成的误差.如计时的滞后、习惯于斜视读数等.

系统误差一般应通过校准测量仪器、改进实验装置和实验方案、对测量结果进行修正等方法加以消除或尽可能减小.发现并减小系统误差通常是一件困难的任务,需要对整个实验的原理、方法、仪器和步骤等可能引起误差的各种因素进行分析.实验结果是否正确,往往在于系统误差是否已被发现和尽可能消除,因此对系统误差要足够重视.

在实际测量中,如果判断出有系统误差存在,就必须进一步分析可能产生系统误差的因素,想方设法减小和消除系统误差.由于测量方法、测量对象、测量环境及测量人员不尽相同,因此没有一个普遍适用的方法来减小或消除系统误差.下面简单介绍几种减小和消除系统误差的方法和途径.

(1) 从产生系统误差的根源上消除.从产生系统误差的根源上消除误差是最根本的方法,通过对实验过程中的各个环节进行仔细分析,发现产生系统误差的各种因素.可以从下面 3 个方面采取措施从根源上消除或减小误差:①采用近似性较好又比较切合实际的理论公式,尽可能满足理论公式所要求的实验条件;②选用能满足测量误差所要求的实验仪器装置,严格保证仪器设备所要求的测量条件;③采用多人合作、重复实验的方法.

(2) 引入修正项消除系统误差.通过预先对仪器设备将要产生的系统误差进行分析计

算,找出误差规律,从而找出修正公式或修正值,对测量结果进行修正.

(3)采用能消除系统误差的方法进行测量.对于某种固定的或有规律变化的系统误差,可以采用交换法、抵消法、补偿法、对称测量法等特殊方法进行清除.采用什么方法要根据具体的实验情况及实验者的经验来决定.

无论采用哪种方法都不可能完全将系统误差消除,只要将系统误差减小到测量误差要求允许的范围内,或者系统误差对测量结果的影响小到可以忽略不计,就可以认为系统误差已被消除.

2. 随机误差

随机误差(偶然误差)是指在相同的条件下多次重复测量同一物理量时,误差的大小和符号均发生变化,其值时大时小,其符号时正时负,不可预知其大小和符号的误差.

随机误差虽不能确定其产生的原因,但实践和理论证明,大量的随机误差服从正态分布(高斯分布)规律.正态分布的曲线如图 0-1 所示.图中的横坐标表示误差 $\Delta x = x_i - X$,

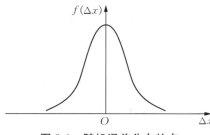

纵坐标为误差的概率密度 $f(\Delta x)$.其数学表达式为

$$f(\Delta x) = \frac{1}{\sigma\sqrt{2\pi}} e^{-\frac{\Delta x^2}{2\sigma^2}},$$

式中的特征量

$$\sigma = \sqrt{\frac{\sum \Delta x_i^2}{n}}\ (n \to \infty),$$

图 0-1 随机误差分布特点

称为总体标准误差,其中 n 为测量次数.

σ 表示的概率意义可以从 $f(\Delta x)$ 函数式求出.由概率论可知,误差出现在 $(-\sigma,+\sigma)$ 区间内的概率 P 就是图 0-1 中该区间内 $f(\Delta x)$ 曲线下的面积,

$$P(-\sigma < \Delta x < +\sigma) = \int_{-\sigma}^{+\sigma} f(\Delta x) \mathrm{d}\Delta x = 68.3\%.$$

因此,σ 所表示的意义如下:任何一次测量的测量误差落在 $-\sigma$ 到 $+\sigma$ 之间的概率为 68.3%. σ 并不是一个具体的测量误差值,它提供了一个用概率来表达测量误差的方法.

$[-\sigma,+\sigma]$ 称为置信区间,其相应的概率 $P(\sigma) = 68.3\%$ 称为置信概率.显然,置信区间扩大,则置信概率提高.置信区间取 $[-2\sigma,+2\sigma]$,$[-3\sigma,+3\sigma]$,相应的置信概率 $P(2\sigma) = 95.4\%$,$P(3\sigma) = 99.7\%$.

图 0-2 是不同 σ 值时的 $f(\Delta x)$ 曲线.σ 值小,曲线陡且峰值高,说明测量值的误差集中,小误差占优势,各测量值的分散性小,重复性好.反之,σ 值大,曲线较平坦,各测量值的分散性大,重复性差.

服从正态分布的随机误差具有以下 4 个特征.

(1)单峰性:测量值与真值相差愈小,这种测量值(或误差)出现的概率(可能性)愈大,与真值相差大的,则概率愈小.

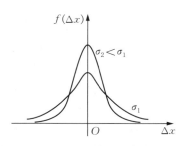

图 0-2 不同 σ 的概率密度曲线

（2）对称性：绝对值相等、符号相反的正、负误差出现的概率相等.

（3）有界性：绝对值很大的误差出现的概率趋于零.也就是说,总可以找到这样一个误差限,某次测量的误差超过此限值的概率小到可以忽略不计的地步.

（4）抵偿性：随机误差的算术平均值随测量次数的增加而越来越趋于零,即

$$\lim_{n \to \infty} \frac{1}{n} \sum_{i=1}^{n} \Delta x_i = 0.$$

3. 随机误差的处理

如何处理测量中的随机误差呢? 可以利用正态分布理论的一些结论来进行处理.

例如,对某一物理量在测量条件相同的情况下,进行 n 次无明显系统误差的独立测量,测得 n 个测量值为

$$x_1, x_2, x_3, \cdots, x_n,$$

往往称此为一个测量列.在测量不可避免地存在随机误差的情况下,处理这一测量列时必须要回答下列两个问题：

（1）由于每次测量值各有差异,那么,怎样的测量值是最接近于真值的最佳值?

（2）测量值的差异性（即测量值的分散程度）直接体现随机误差的大小,测量值越分散,测量的随机误差就越大,那么,怎样对测量的随机误差做出估算才能表示测量的精密度?

在数理统计中,对此已有充分的研究,下面只引用它们的结论.

结论 1：当系统误差已被消除时,测量值的算术平均值最接近被测量的真值,测量次数越多,接近程度越好（当 **$n \to \infty$** 时,平均值趋于真值）,因此,用算术平均值表示测量结果真值的最佳值.

算术平均值的计算式是

$$\bar{x} = \frac{1}{n}(x_1 + x_2 + x_3 + \cdots + x_n) = \frac{1}{n} \sum_{i=1}^{n} x_i.$$

将各次测量值 x_i 与算数平均值之差称为该次测量的残差,写为

$$\Delta x_i = x_i - \bar{x} \, (i = 1, 2, 3, \cdots, n).$$

因为真值 X 不可知,只能知道残差而不知道绝对误差 $\Delta x = x - X$,所以,只能用残差代替误差计算,此时总体标准误差 σ 常用"方均根"方法对残差进行统计,其估计值为 S_x（称为实验标准偏差）.

结论 2：一测量列的随机误差用标准偏差来估算.标准偏差的计算公式为

$$S_x = \sqrt{\frac{\sum \Delta x_i^2}{n-1}} = \sqrt{\frac{\sum (x_i - \bar{x})^2}{n-1}}.$$

这个公式又称为贝塞尔公式,它表示一测量列中各测量值所对应的标准偏差.它所表示的物理意义如下：如果多次测量的随机误差遵从正态分布,那么,任意一次测量的测量值误差落在 $-S_x$ 到 $+S_x$ 之间的可能性为 68.3%,或者说对某一次测量结果,真值在 $-S_x$ 到

$+S_x$ 区间内的概率为 68.3%. 它可以表示这一列测量值的精密度, 反映出测量值的离散性. 标准偏差小就表示测量值很密集, 即测量的精密度高; 标准偏差大就表示测量值很分散, 即测量精密度低. 现在很多计算器都有这种统计计算功能, 可以直接用计算器求得 S_x 和 $\bar{x}$ 等数值, 用 Excel 软件也可计算标准偏差 (这部分内容在第六节"数据处理的方法"中详细讨论).

值得指出的是, 在多次测量时, 正负随机误差常可以大致相消, 因而用多次测量的算术平均值表示测量结果可以减小随机误差的影响. 但多次重复测量不能消除或减小测量中的系统误差.

四、测量结果的评价

评价测量结果时, 经常采用"精度"来说明测量结果总误差大小的程度, 误差小的测量精度高, 误差大的测量精度低. 但精度是个笼统的概念, 它没有明确地表明所描写的是哪一类误差. 所以, 按照误差的性质, 测量结果的评价一般用精密度、准确度和精确度描述.

(1) 精密度: 表示测量结果中随机误差大小的程度. 在规定条件下对被测量进行多次测量时, 它是测量误差分布密集或疏散的程度, 即各次测量值重复性优劣的程度.

(2) 准确度: 表示测量结果中系统误差大小的程度. 在规定条件下对被测量进行多次测量时, 它是测量结果所达到的准确程度, 即测量平均值与真值之间相符合的程度.

(3) 精确度: 表示测量结果中随机误差和系统误差综合大小的程度, 也是对测量的精密度和准确度的综合评定.

对于实验测量来说, 精密度高, 准确度不一定高; 准确度高, 精密度也不一定高; 只有精密度和准确度都高时, 精确度才高, 也就是随机误差和系统误差都小. 图 0-3 形象地表示了测量结果的精密度、准确度和精确度的意义. 图(a)表示测量结果相互之间比较分散, 但总体没有明显的固定偏向, 因而随机误差大、系统误差小, 即精密度较低而准确度较高; 图(b)表示测量结果比较密集, 但总体偏离较大, 因而随机误差小、系统误差大, 即精密度较高而准确度较低; 图(c)表示测量结果相互之间比较集中, 且总体偏差小, 因而随机误差小、系统误差也小, 即精密度和准确度都高, 这才是精确度高.

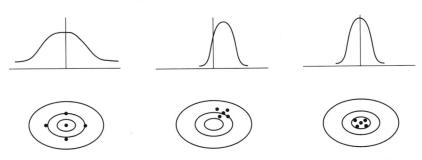

(a) 精密度低准确度高　　　(b) 精密度高准确度低　　　(c) 精确度高准确度高

图 0-3　精密度、准确度和精确度示意图

(图中横坐标表示测量误差, 纵坐标表示某误差出现的概率大小)

第四节　不确定度及测量结果的计算

一、测量结果的表示

　　测量误差的不可避免,使得真值无法确定,而真值不知道,也无法确定误差的大小.因此,实验数据的处理只能用测量的最佳估计值及其不确定度来表示.不确定度是指由于测量误差的存在而对被测量值不能确定的程度,是表征被测量的真值所处的量值范围的评定.实验结果不仅要给出测量值的最佳估计值 $\bar{x}$,同时还要标出测量的总不确定度 Δ_x,最终写成

$$x = \bar{x} \pm \Delta_x \text{(单位)}.$$

它表示被测量的真值在 $(\bar{x} - \Delta_x, \bar{x} + \Delta_x)$ 的范围之外的可能性(或概率)很小.显然,测量不确定度的范围越窄,测量结果就越可靠.引入不确定度概念后,测量结果的完整表达式中应包含3个部分:①测量值;②不确定度;③单位.

　　值得注意的是,不确定度与误差有区别,误差是一个理想的概念,一般不能精确知道,但不确定度反映误差存在的分布范围,可由误差理论求得.与误差表示方法一样,引入相对不确定度 E_x,即不确定度的相对值

$$E_x = \frac{\Delta_x}{\bar{x}} \times 100\%.$$

因此,任意一个测量结果可表示为

$$\begin{cases} x = \bar{x} \pm \Delta_x \text{(单位)}, \\ E_x = \dfrac{\Delta_x}{\bar{x}} \times 100\%. \end{cases}$$

二、不确定的分类

　　不确定度根据其性质和估算方法的不同,可分为 A 类不确定度和 B 类不确定度. A 类不确定度是指被测量值能用统计方法估算出来的不确定度分量, B 类不确定度则是不能用统计方法估算的所有不确定度分量.

　　1. A 类不确定度

　　多次重复测量时用统计方法计算的那些不确定度分量,如估算随机误差的标准偏差 S_x,就属于 A 类分量.

　　在基础物理实验教学中,为了简便计算,直接取 $\Delta_A = S_x$,即把一测量列的标准偏差的值当作多次测量中用统计方法计算的不确定度分量 Δ_A.标准偏差 S_x 和不确定度中的 A 类分量 Δ_A 是两个不同的概念,在基础物理实验中,当 $5 < n \leqslant 10$ 时,取 S_x 值当作 Δ_A 是

一种最方便的简化处理方法,因为当 Δ_B 可忽略不计时,有 $\Delta = \Delta_A = S_x$,这时可以证明被测量量的真值落在 $(\bar{x} - \Delta_x, \bar{x} + \Delta_x)$ 范围内的可能性(概率)已大于或接近 95%,即被测量的真值在 $(\bar{x} - \Delta_x, \bar{x} + \Delta_x)$ 的范围之外的可能性(概率)很小(小于 5%).因此,如果不是特别注明,下文均取

$$\Delta_A = S_x = \sqrt{\frac{\sum (x_i - \bar{x})^2}{n-1}}.$$

2. B 类不确定度

用其他非统计方法估出的那些不确定度分量,它们只能基于经验或其他信息做出评定,如系统误差的估算等,一般用近似的等价标准差 Δ_B 表征:

$$\Delta_B = \Delta_仪 / C.$$

其中,$\Delta_仪$ 为仪器误差,C 为修正因子.那么,在物理实验中 B 类不确定度分量 Δ_B 的修正因子 C 如何确定呢? 这是一个困难的问题,需要实验者凭借经验、知识、判断能力以及对实验过程中所有有价值信息的把握和分析,然后合理地估算出 B 类不确定度分量 Δ_B.对于一般的教学实验,作了一个简化的约定,取 $C = 1$,即把仪器误差简单化地直接当作用非统计方法估算的分量 Δ_B.

3. 总不确定度

当两类不确定度分量相互独立时,用方和根法将上述两类不确定度分量合成,即得总不确定度 Δ(简称不确定度),

$$\Delta_x = \sqrt{\Delta_仪^2 + S_x^2}.$$

相对不确定度

$$E_x = \frac{\Delta_x}{\bar{x}} \times 100\%,$$

其意义与相对误差类似.测量结果不确定度的表示为

$$\begin{cases} x = \bar{x} \pm \Delta_x \text{(单位)}, \\ E_x = \dfrac{\Delta_x}{\bar{x}} \times 100\%. \end{cases}$$

显然,不确定度越小,实验测量质量越好;不确定度越大,实验测量质量越差.

由于不确定度的评定要合理赋予被测量值的不确定区间,而不同的置信概率所表示的不确定度区间是不同的,因此,还应表明是多大概率含义的不确定度.在基础物理实验教学中,暂不讨论不确定度的概率含义,而将测量结果不确定度表示简化地理解为被测量量的真值在 $(\bar{x} - \Delta_x, \bar{x} + \Delta_x)$ 区间之外的可能性(概率)很小,或者说被测量量的真值位于 $(\bar{x} - \Delta_x, \bar{x} + \Delta_x)$ 区间之内的可能性很大.物理量都有单位,不能不写出.因此,一个完整的测量结果包含 3 个要素,即测量结果的最佳估计值、不确定度和单位.

值得注意的是,随机误差和系统误差并不简单地对应于 A 类和 B 类不确定度分量.例如,对于未能进行 n 次重复测量的情况,其随机误差就不能利用统计方法处理,而要利

用被测量量可能变化的信息进行判断,这就属于 B 类不确定度分量.要进一步了解两类不确定度分量的评定和合成不确定度的计算问题,读者可参阅相关书籍.

三、测量结果的计算

1. 单次直接测量的测量结果计算

在实际测量中,有时测量不能或不需要重复多次;或者仪器精度不高,测量条件比较稳定,多次测量同一物理量结果相近.例如,用准确度等级为 2.5 级的电流表去测量某一电流,经多次重复测量,几乎都得到相同的结果.这是由于仪器的精度较低,一些偶然的未控因素引起的误差很小,仪器不能反映出这种微小的起伏.因此,在这种情况下,只需要进行单次测量.

如何确定单次测量结果的不确定度呢? 显然不能求出单次测量量的 A 类不确定度分量 Δ_A.尽管 Δ_A 依然存在,但在单次测量的情况下,往往是 $\Delta_仪$ 要比 Δ_A 大得多.按照微小误差原则,即:只要 $\Delta_A < \frac{1}{3}\Delta_B \left(或 S_x < \frac{1}{3}\Delta_仪\right)$,在计算 Δ_x 时就可以忽略 Δ_A 对总不确定度的影响.所以,对单次测量,Δ_x 可简单地用仪器误差 $\Delta_仪$ 来表示,即

$$\begin{cases} x = x_单 \pm \Delta_仪(单位), \\ E_x = \dfrac{\Delta_仪}{x_单} \times 100\%. \end{cases}$$

测量是用仪器或量具进行的,有的仪器精确度较差或灵敏度较低,有的仪器比较精确或灵敏度较高,但由于技术上的局限性,任何仪器总存在误差.仪器误差就是指在正确使用仪器的条件下,测量所得结果和被测量的真值之间可能产生的最大误差.仪器误差通常是由制造工厂和计量机构使用更精确的仪器、量具通过检定比较后给出的.在仪器和量具的使用手册或仪器面板上,一般都能查到仪器允许的基本误差.因此,使用仪器或量具之前熟悉仪器的相关参数是重要的.

例如,实验室常用的量程在 100 mm 以内的一级千分尺,其副尺上的最小分度值为 0.01 mm(精度),而它的仪器误差(常称为示值误差)为 0.004 mm.测量范围在 300 mm 以内的游标卡尺,其分度值便是仪器的示值误差,因为确定游标尺上哪条线与主尺上某一刻度对齐,最多只可能有正负一条线之差.例如,主副尺最小分度值之差为 1/50 mm 的游标卡尺,其精度和示值误差均为 0.02 mm.有的测量器具并不直接给出仪器误差,而是以"准确度等级"来估计.等级值越小,则准确度越高.总之,仪器误差可以分成以下 4 种情形.

(1) 仪器说明书上给出的仪器误差值,如游标卡尺、螺旋测微计的示值误差等.

(2) 没有标出准确度等级而又可连续读数(可估读)的仪器,仪器误差取最小分度的一半,如米尺、温度计等.

(3) 没有标出准确度等级而又不可连续读数(不可估读)的仪器,仪器误差取其最小分度,如游标卡尺、秒表等.

(4) 标出准确度等级的仪器,仪器误差由相应的误差公式计算,如电表、电阻箱和电桥等电学仪器.需要注意的是,不同类型的电学仪器仪器误差的计算公式有所不同.

如果能同时得到两者或三者,一般在其中取大值.

2. 多次直接测量的测量结果计算

由于测量中存在随机误差,为了能获得最佳测量值,并对结果做出正确评价,就需要对待测量进行多次重复测量.虽然测量次数增加能减少随机误差对测量结果的影响,但在基础物理实验中,考虑测量仪器的准确度和测量方法、环境等因素的影响,对同一待测量作多次直接测量时,一般把测量次数定为5~10次比较妥当.

设对某一物理量 x 进行了多次等精度测量,测量值分别为 x_1, x_2, x_3, $\cdots$, x_i, $\cdots$, x_n.多次重复测量结果的最佳估计值和不确定度的计算过程如下:

$$\text{算术平均值} \quad \bar{x} = \frac{1}{n}\sum_{i=1}^{n} x_i,$$

$$\text{偏差} \quad \Delta x_i = x_i - \bar{x},$$

$$\text{标准偏差} \quad S_x = \sqrt{\frac{\sum(x_i - \bar{x})^2}{n-1}},$$

$$\text{不确定度} \quad \Delta_x = \sqrt{\Delta_{仪}^2 + S_x^2},$$

$$\text{相对不确定度} \quad E_x = \frac{\Delta_x}{\bar{x}} \times 100\%.$$

测量结果表示为

$$\begin{cases} x = \bar{x} \pm \Delta_x \text{(单位)}, \\ E_x = \dfrac{\Delta_x}{\bar{x}} \times 100\%. \end{cases}$$

例1 表 0-1 为某同学利用螺旋测微计测量钢丝直径 d(cm)的数据,请对其测量结果进行计算.

表 0-1 螺旋测微计测量钢丝的直径数据记录

被测量	次　　数					
	1	2	3	4	5	6
d/mm	0.390	0.389	0.388	0.392	0.385	0.388

解 该测量为多次直接测量过程,所用仪器为螺旋测微计,其仪器误差 $\Delta_{x仪} = 0.004$ mm. 对钢丝直径的测量共进行了 6 次,所以,

$$\bar{d} = \frac{1}{6}\sum_{i=1}^{6} d_i = 0.388\ 7\text{(mm)},$$

$$S_d = \sqrt{\frac{\sum_{i=1}^{6}(d_i - \bar{d})^2}{6-1}} = 0.002\ 37\text{(mm)},$$

$$\Delta_d = \sqrt{S_d^2 + \Delta_{x仪}^2} = \sqrt{0.002\ 37^2 + 0.004^2} = 0.004\ 65\text{(mm)},$$

$$E_d = \frac{\Delta_d}{\bar{d}} \times 100\% = \frac{0.004\,65}{0.388\,7} \times 100\% = 1.20\%.$$

测量结果表示为

$$\begin{cases} d = \bar{d} \pm \Delta_d = (0.389 \pm 0.005)(\text{mm}), \\ E_d = \dfrac{\Delta_d}{\bar{d}} \times 100\% = 1.2\%. \end{cases}$$

3. 间接测量的测量结果计算

间接测量值是通过一定函数式由直接测量值计算得到. 显然, 把各直接测量结果的最佳值代入函数式, 就可以得到间接测量结果的最佳值. 这样一来, 直接测量结果的不确定度就必然影响到间接测量结果, 这种影响大小也可以由相应的函数式计算出来, 这就是不确定度的传递.

(1) 间接测量量的函数式为单元函数.

间接测量由一个直接测量量计算得到. 设间接测量量 N 有

$$N = F(x),$$

其中, N 是间接测量量, x 为直接测量量. 若 $x = \bar{x} \pm \Delta_x$, 即 x 的不确定度为 Δ_x, 它必然影响间接测量结果, 使 N 值也有相应的不确定度 Δ_N. 由于不确定度都是微小量 (相对于测量值), 相当于数学中的增量, 因此, 间接测量量的不确定度传递的计算公式可借用数学中的微分公式. 根据微分公式

$$dN = \frac{dF(x)}{dx} dx,$$

可得到间接测量量 N 的不确定度 Δ_N 为

$$\Delta_N = \frac{dF(x)}{dx} \Delta_x,$$

其中, $\dfrac{dF(x)}{dx}$ 是传递系数, 反映了 Δ_x 对 Δ_N 的影响程度.

例如, 球体体积的间接测量式为 $V = \dfrac{1}{6}\pi D^3$, 若

$$D = \bar{D} \pm \Delta_D,$$

则

$$\Delta_V = \frac{1}{2}\pi D^2 \Delta_D.$$

(2) 间接测量量所用的测量式是多元函数式.

间接测量由多个直接测量量计算得到. 设间接测量量 N 有

$$N = F(x, y, z, \cdots),$$

其中, $x, y, z, \cdots$ 是相互独立的直接测量量, 它们的不确定度 $\Delta_x, \Delta_y, \Delta_z, \cdots$ 是如何影响间接测量量 N 的不确定度 Δ_N 呢? 仿照多元函数求全微分的方法, 单独考虑 x 的不确

定度 Δ_x 对 Δ_N 的影响时,有

$$(\Delta_N)_x = \frac{\partial F(x,y,z,\cdots)}{\partial x}\Delta_x = \frac{\partial F}{\partial x} \cdot \Delta_x;$$

单独考虑 y 的不确定度 Δ_y 对 Δ_N 的影响时,有

$$(\Delta_N)_y = \frac{\partial F(x,y,z,\cdots)}{\partial y}\Delta_y = \frac{\partial F}{\partial y} \cdot \Delta_y;$$

同理,可得

$$(\Delta_N)_z = \frac{\partial F(x,y,z,\cdots)}{\partial z}\Delta_z = \frac{\partial F}{\partial z} \cdot \Delta_z,$$

$$\cdots\cdots$$

把它们合成时,不能像求全微分那样进行简单地相加.因为不确定度并不简单地等同于数学上的"增量".在合成时要考虑不确定度的统计性质,所以采用方和根合成,于是得到间接测量结果合成不确定度传递公式如下:

数学微分公式 $\quad \mathrm{d}N = \frac{\partial F}{\partial x}\mathrm{d}x + \frac{\partial F}{\partial y}\mathrm{d}y + \frac{\partial F}{\partial z}\mathrm{d}z + \cdots;$

不确定度传递公式 $\quad \Delta_N = \sqrt{\left(\frac{\partial F}{\partial x}\right)^2\Delta_x^2 + \left(\frac{\partial F}{\partial y}\right)^2\Delta_y^2 + \left(\frac{\partial F}{\partial z}\right)^2\Delta_z^2 + \cdots},$

上式适用于 $N = F(x,y,z,\cdots)$ 关系为和差形式的 Δ_N 计算.

当间接测量所依据的数学公式较为复杂时,计算不确定度的过程也较为繁琐.如果函数形式主要以和差形式出现时,一般采用上式计算,其流程如图 0-4 所示.

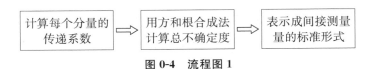

图 0-4 流程图 1

必须注意的是,采用这种方法进行计算时,如果函数表达式为积、商或乘方、开方等形式出现时,计算过程会非常繁琐.

如果测量式是积商形式的函数,在计算合成不确定度时,往往两边先取自然对数,然后进行全微分,再进行方和根合成,得到相对不确定度,最后得到相对不确定度传递公式:

$$N = F(x,y,z,\cdots).$$

先对表达式取自然对数, $\ln N = \cdots$,再进行全微分,

$$\mathrm{d}\ln N = \frac{\mathrm{d}N}{N} = \frac{\partial \ln F}{\partial x}\mathrm{d}x + \frac{\partial \ln F}{\partial y}\mathrm{d}y + \frac{\partial \ln F}{\partial z}\mathrm{d}z + \cdots.$$

改微分号为不确定度符号,求其"方和根",便可得间接测量量 N 的相对不确定度,

$$E_N = \frac{\Delta_N}{N} = \sqrt{\left(\frac{\partial \ln F}{\partial x}\right)^2 \cdot (\Delta_x)^2 + \left(\frac{\partial \ln F}{\partial y}\right)^2 \cdot (\Delta_y)^2 + \left(\frac{\partial \ln F}{\partial z}\right)^2 \cdot \Delta_z^2 + \cdots},$$

上式适用于 $N = F(x,y,z,\cdots)$ 关系为积商形式的 Δ_N 计算.

利用相对不确定度传递公式,先求出 $E_N = \dfrac{\Delta_N}{\overline{N}}$,再求 $\Delta_N = E_N \times \overline{N}$,其流程如图 0-5 所示.

图 0-5　流程图 2

例 2　在"拉伸法测杨氏模量"实验中,钢丝的杨氏模量表达式为 $Y = \dfrac{8FLB}{\pi D^2 b \Delta n}$. 如表 0-2 所示,部分待测量及其不确定度已经给出,其中 $F = 9.80$ N,$E_F = 0.50\%$,$\Delta n = 0.410$ cm,$E_{\Delta n} = 0.70\%$. 试求出杨氏模量 Y 的不确定度,并表示出测量结果.

表 0-2　拉伸法测杨氏模量实验数据记录及处理

被测量	计 算 量					
	$\overline{x}$	S_x	$\Delta_{x仪}$	Δ_x	$x = \overline{x} \pm \Delta_x$	$E_x = \Delta_x / \overline{x}$
L/cm	86.74	3.81×10^{-2}	0.05	0.06	86.74 ± 0.06	0.070%
B/m	1.850 6	$6.549\,8 \times 10^{-4}$	5×10^{-4}	0.000 8	$1.850\,6 \pm 0.000\,8$	0.040%
D/mm	0.856	0.008 62	0.004	0.009	0.856 ± 0.002	0.23%
b/cm	6.75	—	0.05	0.05	6.75 ± 0.05	0.70%

解　这是一道典型的间接测量量不确定度求解的问题,并且该表达式为积的形式,即

$$Y = \frac{8FLB}{\pi D^2 b \Delta n} = \frac{8 \times 9.80 \times 0.867\,4 \times 1.850\,6}{3.142 \times (0.856 \times 10^{-3})^2 \times 0.067\,5 \times 0.004\,10} = 1.975 \times 10^{11}\ (\text{N/m}^2).$$

表达式取自然对数,

$$\ln Y = \ln 8 + \ln F + \ln L + \ln B - \ln \pi - 2\ln D - \ln b - \ln \Delta n.$$

表达式全微分等式变为

$$\mathrm{d}\ln Y = \frac{\mathrm{d}Y}{Y} = \frac{\partial \ln Y}{\partial F}\mathrm{d}F + \frac{\partial \ln Y}{\partial L}\mathrm{d}L + \frac{\partial \ln Y}{\partial B}\mathrm{d}B + \frac{\partial \ln Y}{\partial D}\mathrm{d}D + \frac{\partial \ln Y}{\partial b}\mathrm{d}b + \frac{\partial \ln Y}{\partial \Delta n}\mathrm{d}\Delta n.$$

改微分号为不确定度符号,求其方和根,便可得间接测量量 N 的相对不确定度,

$$\frac{\Delta_Y}{\overline{Y}} = \sqrt{\left(\frac{\Delta_F}{F}\right)^2 + \left(\frac{\Delta_L}{L}\right)^2 + \left(\frac{\Delta_B}{B}\right)^2 + \left(2\frac{\Delta_D}{D}\right)^2 + \left(\frac{\Delta_b}{b}\right)^2 + \left(\frac{\Delta_{\Delta n}}{\Delta n}\right)^2},$$

各量均取平均值,则

$$E_Y = \frac{\Delta_Y}{Y} = \sqrt{(E_F)^2 + (E_L)^2 + (E_B)^2 + (2E_D)^2 + (E_b)^2 + (E_{\Delta n})^2}.$$

代入表中及所给数据进行计算后可得 $E_Y = 1.20\%$,

$$\Delta_Y = E_Y \times Y = 0.023\,8 \times 10^{11}\,(\text{N/m}^2).$$

测量结果表示为

$$\begin{cases} Y = \bar{Y} \pm \Delta_Y = (1.98 \pm 0.02) \times 10^{11}\,(\text{N/m}^2), \\ E_Y = 1.2\%. \end{cases}$$

所有运算结果的有效数字位数均应由不确定度决定,就是简单的四则混合运算也应遵循这一原则.

第五节　有　效　数　字

一、有效数字

一般来说,实验处理的数据有两种:一种是没有误差的准确值,如测量的次数、公式中的纯数等;另一种是测量值.任何物理量的测量都存在误差,因此表示该测量值的数值位数不能随意选取,应能正确反映测量精度,有确定意义的表示法.另外,数值计算都有一定的近似性,这就要求计算的准确性既不能超过测量的准确性,也不能低于测量的准确性,使测量的准确性受到损失,即计算的准确性必须与测量的准确性相适应.能正确而有效地表示测量和实验结果的数字,称为有效数字.有效数字由直接从度量仪器最小分度以上的若干位准确数值(或称为可靠数值)与最小分度值的下一位(有时是在同一位)估读数值(或称为可疑数值)构成.

$$测量值 = 读数值(有效数字) + 单位,$$

$$有效数字 = 可靠数字 + 可疑数字(估读).$$

有效数字中的"0"不同于 1,2,…,9 等其他 9 个数字,需要注意下面两种情况.

(1) 有效数字的位数从第一个不是"0"的数字开始算起,末尾的"0"和数值中间出现的"0"都属于有效数字.例如,65.80 cm 不能写成 65.8 cm,因为此处的"0"仍然是有效数字的有效成分,它表示的测量值在十分位的"8"是准确的,而 65.8 cm 则表示测量值在十分位的"8"是可疑的,65.80 cm 表示的是四位有效数字.

(2) 有效数字的位数与小数点位置或单位换算无关.例如,1.6 m 不能写作 160 cm、1 600 mm 或 1 600 000 mm,应记为

$$1.6\ \text{m} = 1.6 \times 10^2\ \text{cm} = 1.6 \times 10^3\ \text{mm} = 1.6 \times 10^6\ \mu\text{m}.$$

它们都是 2 位有效数字.反之,把小单位换成大单位,小数点移位,在数字前出现的"0"不是有效数字,如 3.14 mm = 0.314 cm = 0.003 14 m,它们都是 3 位有效数字.

二、有效数字的读取

测量就要从仪器上读数,在进行直接测量物理量的过程中,测量值的有效数字位数取决于测量仪器.有些仪器读数需要估读,如米尺、水银温度计、螺旋测微计、指针式电表等.有些仪器读数不能估读,如游标卡尺、电子天平、变阻箱、数字式仪表等.

1. 可估读仪器

对于可以估读的仪器,读数包括仪器指示的全部有意义的数字和能够估读出来的数字.估读时,首先根据最小分格大小、指针的粗细等具体情况确定把最小分格分成几份来读,通常读到格值的 1/10,1/5 或 1/2,其中估读到最小分格值的 1/10 最常用.

图 0-6 是用毫米尺测量某工件长度的示意图.此工件的长度大于 13 mm,小于 14 mm,其右端点超过 13 mm 刻度线处,估计为 6/10 格,即工件的长度为 13.6 mm.从获得结果看,前两位"13"是直接读出,称为可靠数字,而最末一位 0.6 mm 则是从尺上最小刻度间估计得到的,称为可疑数字(尽管可疑,但是有一定根据,也是有意义的).13.6 mm 共

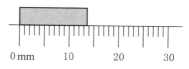

图 0-6　用毫米尺测量工件的长度

有 3 位有效数字,这里的第三位数"6"是估计出来的,因此,用这种规格的尺子来进行测量已不可能再准确了.可见有效数字的多少表示了测量所能达到的准确程度,这与所用的测量工具有关,即:当被测物理量和测量仪器选定后,测量值的有效数字位数就可以确定了.

2. 不可估读仪器

不可估读的数字仪表,如电子天平、变阻箱、数字温度计、数字计时器、数字电压表、数字电流表等,读数比较简单,直接由仪器上的示值读出即可.例如,电子天平示值为 767.5 g,数字电压表示值为 2.056 V,直接读出即可.

不可估读的仪器还有一类是带游标装置的仪器,其读数由主尺读数加上游标读数共同读出,如游标卡尺、分光计等.如图 0-7 所示,用 50 分度的游标卡尺(分度值为 1/50 = 0.02 mm)测量一个物体的长度,游标上"0"刻度线左边最接近的主尺上整毫米数为 0 mm,游标上第 12 条刻度线与主尺上的刻度线对齐,其长度为

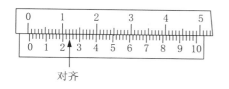

对齐

图 0-7　游标卡尺的读数

$$L = 0 + 0.02 \times 12 = 0.24 \, (\text{mm}).$$

三、有效数字的运算规则

为获得实验结果,往往需要对测得的数据进行运算.在数据运算中,首先应保证测量的准确程度,在此前提下,尽可能节省运算时间,免得浪费精力.运算时应使结果具有足够的有效数字,不要少算,也不要多算.少算会带来附加误差,降低结果的精确程度;多算是没有必要的,算得位数越多,运算难度越大,同时也不可能减少误差.下面将分别介绍有效数字的运算规则.

1. 加减法运算

几个数相加减,最后结果的末位和参与加减运算各量中末位数字的数位最高者一致.

或者说,计算结果小数点以后的位数,和参与运算各量中小数点位数最少的相同.例如,

$$13.6\underline{5} + 1.622\,\underline{0} = 15.2\underline{7},$$

$$16.\underline{6} - 8.3\underline{5} = 8.\underline{2}.$$

2. 乘除法运算

几个数相乘除,最后结果的有效位数和参与乘除运算各量中有效位最少者的位数相同.例如,

$$24\,320 \times 0.341 = 8.29 \times 10^3,$$

$$85\,425 \div 125 = 683.$$

确定计算结果的有效数字取位的原则可概括如下:可靠数与可靠数运算的结果仍为可靠数;可靠数与可疑数运算的结果为可疑数;可疑数与可疑数运算的结果仍为可疑数.运算进位的数字是可靠数字.

3. 乘方、开方运算

这一类运算结果的有效数字取位与其底数的位数相同.

4. 三角函数、对数运算

方法1:将函数的自变量末位变化1,两个运算结果产生差异的最高位就是应保留的有效位的最后一位.用这种方法来确定有效位,是一种有效而直观的方法.例如,

$$\sin 30°2' = 0.500\,\underline{5}03\,748,$$

$$\sin 30°3' = 0.500\,\underline{7}55\,559.$$

两者差异出现在第四位上,因此有

$$\sin 30°2' = 0.500\,5.$$

方法2:通过求微分来确定函数的有效数字取位.设微分值的不准确位出现在非零的某一位上,由此可确定函数计算结果的不准确位也就出现在那一位上.

例3 $\sin 30°2'$ 由计算器算得 0.500 503 748,其结果应该取几位?

解 $x = 30°2'$,$\Delta x = 1' = 0.000\,29\,\text{rad}$,$\mathrm{d}(\sin x) = \cos x \cdot \Delta x = 0.000\,\underline{2}5$,所以,有效数的末位在小数点后的第四位上,即 $\sin 30°2' = 0.500\,5$.

5. 运算中常数和自然数的取位

自然数是准确的,运算中不考虑它们的位数.

运算中无理常数(如 π,e,$\sqrt{2}$ 等)的位数比参加运算的各分量中有效位最少者多取一位.例如,已知 $\pi = 3.141\,592\,654\cdots$,$L = 2\pi R$,设 $R = 2.36\,\text{mm}$,式中 2 是自然数,π 此时应取 3.141 参加计算.

6. 数字的截尾运算

在数据处理时,经常要截去多余的尾数,一般遵守截尾规则:四舍六入五凑偶.即:尾数大于五进,小于五舍,等于五时取偶.

根据以上的截尾原则,将下列数截去尾数成 5 位有效数字时,应有

$$1.234\,548 \rightarrow 1.234\,5,$$
$$1.234\,550 \rightarrow 1.234\,6,$$
$$1.234\,650 \rightarrow 1.234\,6,$$
$$1.234\,750 \rightarrow 1.234\,8.$$

7. 运算的中间过程

在运算的中间过程,有效数字可以暂时保留两位可疑数字,即多保留一位有效数字,但最终计算结果要按前面的规定处理有效数字.

应该强调的是,在上述的近似计算规则中,由于具体问题所要求的准确度或采用的方法不同,可能得出具有不同位数的有效数字的结果,只要这些结果是在实际问题允许的范围内,都可以认为是正确的.盲目地追求计算结果的绝对准确或违反计算规则而无根据地取舍有效数字都是错误的.

四、测量结果表示中的有效位数

1. 测量结果的表示式

测量结果表示为

$$测量值 = 最佳估计值 \pm 不确定度(单位),$$

相对不确定度用百分号的形式表示,即

$$\begin{cases} x = \bar{x} \pm \Delta_x (单位), \\ E_x = \dfrac{\Delta_x}{\bar{x}} \times 100\%. \end{cases}$$

2. 不确定度的有效位数

不确定度值的位数通常只取 1 或 2 位有效数字.实验教学中规定不确定度只取 1 位有效数字.计算过程中不确定度可预取 2~3 位有效数字,直到算出最终的不确定度值时,才修约成 1 位.

3. 最佳估计值的有效位数

最佳估计值的有效数字由不确定度来决定,其末位要与不确定度所在的位对齐.

4. 相对不确定度的有效位数

相对不确定度的有效位数取 2 位,并写成百分号的形式.在计算过程中,相对不确定度一般可取 3 位,但最终结果中的相对不确定度只保留 2 位.

根据上述有效数字规则,在例 1 的测量结果表示中,直径的不确定度 Δ_d 只取 1 位有效数字,即 $\Delta_d = 0.005\,\text{mm}$,取到毫米的千分位.最佳估计值(测量值)的末尾与不确定度所在的位对齐,即也取到毫米的千分位,$d = 0.389\,\text{mm}$.相对不确定度取 2 位有效数字,即 $E_d = 1.2\%$.因此,钢丝直径的最终结果表示为

$$\begin{cases} d = \bar{d} \pm \Delta_d = (0.389 \pm 0.005)(\text{mm}), \\ E_d = \dfrac{\Delta_d}{\bar{d}} \times 100\% = 1.2\%. \end{cases}$$

第六节　数据处理的方法

实验必然要采集大量数据,实验人员需要对实验数据进行记录、整理、计算与分析,从而寻找出测量对象的内在规律,正确地给出实验结果.所以,数据处理是实验工作不可缺少的一部分.物理实验中常用的数据处理方法有列表法、图解法、逐差法、最小二乘法等.下面介绍实验数据处理常用的 4 种方法.

一、列表法

对一个物理量进行多次测量,或者测量几个量之间的函数关系,往往借助于列表法把实验数据列成表格.列表法的好处是使大量数据表达清晰醒目、条理化,易于检查数据和发现问题,避免差错,同时有助于反映出物理量之间的对应关系.

列表记录、处理数据是一种基本方法,更是一种良好的科学习惯.对初学者来说,要设计一个栏目清楚、行列分明的表格虽不是很难办的事情,但也并非是一蹴而就的,需要在思想上重视,并逐渐形成习惯.

列表有以下 5 个基本要求.

(1) 各栏目均应标明名称和单位.

(2) 列入表中的主要应是原始数据,计算过程中的一些中间结果和最后结果也可列入表中,但应写出计算公式,从表格中要尽量能看到数据处理的方法和思路,而不能把列表变成简单的数据堆积.

(3) 栏目的顺序应充分注意数据间的联系和计算顺序,力求简明、齐全、有条理.

(4) 反映测量值函数关系的数据表格,应按自变量由小到大或由大到小的顺序排列.

(5) 补充必要的附加说明,如测量仪器的规格、测量条件、表格名称等.

二、图解法

图线能够明显地表示出实验数据间的关系,并且通过它可以找出两个物理量之间的数学关系式,所以图解法是实验数据处理的重要方法之一,在科学技术研究方面很有用处.用图线表示实验结果可以形象、直观、简便地表达物理量间的变化关系,其作用如下.

(1) 研究物理量之间的变化规律,找出对应的函数关系或经验公式,能形象直观地表示出相应的变化情况.

(2) 求出实验的某些结果.如直线方程 $y = mx + b$,可根据曲线斜率求出 m 值,从曲线截距获取 b 值.

(3) 用内插法可从曲线上读取没有进行测量的某些量值.

(4) 用外推法可从曲线延伸部分估读出原测量数据范围以外的量值.

(5) 可帮助发现实验中个别误差大的测量,同时,作图连线对数据点可起到平均的作用,从而减少随机误差.

（6）把某些复杂的函数关系,通过一定的变换用直线图表示出来.

要特别注意的是,实验作图不是示意图,而是用图来表达实验中得到的物理量间的关系,同时还要求反映出测量的准确程度.用图解法处理数据,首先要画出合乎规范的图线,必须按一定原则作图,因此要注意下列 5 点.

1. 作图纸的选择

作图纸有直角坐标纸（即毫米方格纸）、对数坐标纸、半对数坐标纸和极坐标纸等几种,根据作图需要进行选择.在物理实验中比较常用的是直角坐标纸（每厘米为一大格,其中又分成 10 小格）.由于图线中直线最易画,而且直线方程的 2 个参数——斜率和截距也较易算得,因此对于 2 个变量之间的函数关系是非线性的情况,如果它们之间的函数关系是已知的,或者准备用某种关系式去拟合曲线时,尽可能通过变量变换,将非线性的函数曲线转变为线性函数的直线.常见的几种变换方法如下.

（1）$PV=C$（C 为常数）,令 $u=\dfrac{1}{V}$,则 $P=Cu$. 可见 P 与 u 为线性关系.

（2）$T=2\pi\sqrt{\dfrac{l}{g}}$,令 $y=T^2$,则 $y=4\pi^2\dfrac{l}{g}$. y 与 l 为线性关系,斜率为 $\dfrac{4\pi^2}{g}$.

（3）$y=ax^b$,式中 a 和 b 为常数.等式两边取对数,得 $\lg y=\lg a+b\lg x$. 于是,$\lg y$ 与 $\lg x$ 为线性关系,b 为斜率,$\lg a$ 为截距.

2. 坐标比例的选取与标度

作图时通常以自变量为横坐标（x 轴）、以因变量为纵坐标（y 轴）,并标明坐标轴所代表的物理量（或相应的符号）及单位.对于坐标比例的选取,原则上需要做到数据中的可靠数字在图上是可靠的.当坐标比例选得不适当时,若过小会损害数据的准确度;若过大会夸大数据的准确度,并且使点过于分散,对确定图的位置造成困难.对于直线,其倾斜度最好为 $40°\sim60°$,以免图线偏于一方.坐标比例的选取应以便于读数为原则,常用比例为 $1:1$,$1:2$,$1:5$ 等（包括 $1:0.1$,$1:10$ 等）.切勿采用复杂的比例关系（如 $1:3$,$1:7$,$1:9$,$1:11$,$1:13$ 等）,这样不但不便绘图,读数也困难,更易出差错.纵横坐标的比例可以不同,而且标度也不一定从零开始.可以用小于实验数据最小值的某一数作为坐标轴的起始点,用大于实验数据最高值的某一数作为终点,这样图纸就能被充分利用.坐标轴上每隔一定间距（如 $2\sim5$ cm）应均匀地标出分度值,标记所用的有效数字位数应与实验数据的有效数字位数相同.

3. 数据点的标出

数据点应该用大小适当的明显标志（如×、＋、⊕、⊗等）.同一张图上的几条曲线应采用不同的标志,符号的交点正是数据点的位置.

4. 曲线的描绘

由实验数据点描绘出平滑的实验曲线,连线要用透明直尺或三角板、曲线板等连接.连线要光滑,要尽可能使所描绘的曲线通过较多的测量点（不一定要通过所有的数据点）.对那些严重偏离曲线的个别点,应检查标点是否错误.若没有错误,在连线时可舍去不予考虑.其他不在图线上的点,应均匀分布在曲线的两旁.对于仪器、仪表的校正曲线和定标曲线,连接时应将相邻的两点连成直线,整个曲线呈折线形状.

5. 注释和说明

在图纸上要写明图线的名称、作图者姓名、日期以及必要的简单说明(如实验条件、温度、压力等).直线图解首先求出斜率和截距,进而得出完整的线性方程,其步骤如下.

(1)选点.用两点法是因为直线不一定通过原点,所以不能采用一点法.在直线上取相距较远的两点 $A(x_1, y_1)$ 和 $B(x_2, y_2)$(此两点不一定是实验数据点),用与实验数据点不同的标记表示,在标记旁注明其坐标值.如果所选两点相距过近,计算斜率时会减少有效数字的位数.不能在实验数据范围以外选点,因为它已无实验依据.

(2)求斜率.直线方程为 $y = a + bx$,将 A 和 B 两点坐标值代入,便可计算出斜率,即

$$b = \frac{x_2 - y_1}{x_2 - x_1}.$$

(3)求截距.若坐标起点为零,则可将直线用虚线延长,得到与纵坐标轴的交点,便可求出截距.若起点不为零,则可用下式计算截距:

$$a = \frac{x_2 y_1 - x_1 y_2}{x_2 - x_1}.$$

下面介绍用图解法求两个物理量的线性关系,并用直角坐标纸作图验证欧姆定律.给定电阻为 $R = 500\ \Omega$,所得数据可见表 0-3 和图 0-8.

表 0-3　验证欧姆定律数据记录

次数	1	2	3	4	5	6	7	8	9	10
U/V	1.00	2.00	3.00	4.00	5.00	6.00	7.00	8.00	9.00	10.00
I/mA	2.12	4.10	6.05	7.85	9.70	11.83	13.78	16.02	17.86	19.94

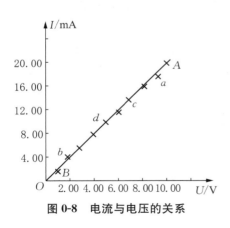

图 0-8　电流与电压的关系

求直线斜率和截距而得出经验公式时,应注意以下两点.第一,计算点只能从直线上取,不能选用实验点的数据.从图 0-8 中不难看出,如用实验点 a 和 b 来计算斜率,所得结果必然小于直线的斜率.第二,在直线上选取计算点时,应尽量从直线两端取,不能选用两个靠得很近的点.在图 0-8 中如选 c 和 d 两点,则会因 c 和 d 靠得很近,$(I_c - I_d)$ 及 $(U_c - U_d)$ 的有效数字位数会比实测得到的数据少很多,这样会使斜率 k 的计算结果不精确.因此,必须用直线两端的两点(如 A 和 B)来计算,以保证较多的有效位数和尽可能高的精确度.计算公式如下:

斜率　$k = \dfrac{I_A - I_B}{U_A - U_B} = \dfrac{(19.94 - 2.12)(\text{mA})}{(10.00 - 1.00)(\text{V})} = \dfrac{17.82(\text{mA})}{9.00(\text{V})} = 1.98 \times 10^{-3} \left(\dfrac{1}{\Omega}\right).$

不难看出,将 U_A 和 U_B 取为整数值可使斜率的计算方便得多.

三、逐差法

在两个变量间存在多项式函数关系,且自变量为等差级数变化的情况下,用逐差法处理数据,既能充分利用实验数据,又具有减小误差的效果.

当直接测量是等间距多次测量时,例如,在测量弹簧倔强系数实验中,在弹性限度内,先测出弹簧的自然长度 l_0,然后依次在弹簧下端的小钩上加 0.2 mg, 0.4 mg, $\cdots$, 1.4 mg 的砝码,弹簧长度依次为 l_1, l_2, $\cdots$, l_7.对应于每增加 0.2 mg 砝码弹簧相应的伸长为

$$\Delta l_1 = l_1 - l_0, \ \Delta l_2 = l_2 - l_1, \ \cdots, \ \Delta l_7 = l_7 - l_6,$$

其平均伸长为

$$\overline{\Delta l} = \frac{\Delta l_1 + \Delta l_2 + \cdots + \Delta l_7}{7} = \frac{(l_1 - l_0) + (l_2 - l_1) + \cdots + (l_7 - l_6)}{7} = \frac{l_7 - l_0}{7}.$$

从上述结果可知,中间测量值全部抵消,只有始末两次测量值起作用.

为了保持多次测量的优点,只要在处理数据方法上稍作变化,仍能达到利用多次测量来减少随机误差的目的.通常把这些测量值分成两组:一组为 (l_0, l_1, l_2, l_3),另一组为 (l_4, l_5, l_6, l_7).取对应项的差值(称为逐差),

$$\Delta l_1 = l_4 - l_0, \ \Delta l_2 = l_5 - l_1, \ \Delta l_3 = l_6 - l_2, \ \Delta l_4 = l_7 - l_3,$$

再取平均值,

$$\overline{\Delta l} = \frac{1}{4} \sum_{i=1}^{4} \Delta l_i = \frac{1}{4} \left[(l_4 - l_0) + (l_5 - l_1) + (l_6 - l_2) + (l_7 - l_3) \right].$$

这就是利用逐差法计算的 $\overline{\Delta l}$ 每增加 0.8 mg 时弹簧的伸长量.

逐差法的直观意义是利用代数平均值代替实测值,减少了散点个数.偏差有抵偿性,因而降低了相对误差、提高了拟合精度.

四、最小二乘法

在物理实验中把测量的结果作成图像,可以更形象地表示物理规律.若能用数学语言来总结物理模型,就更有实际意义.从实验数据求得经验方程称为方程的回归问题,又称为曲线拟合.但拟合前必须根据理论推断或从测量数据变化趋势推测出函数形式.如果是线性关系,则可以表示为

$$y = a + b \cdot x \quad (a, b \text{ 为常数});$$

若是指数关系,则可以表示为

$$y = A e^{B \cdot x} + C \quad (A, B, C \text{ 为常数});$$

通常在函数关系不够清楚时,常用多项式的形式表示:

$$y = b_0 + b_1 x + b_2 x^2 + \cdots + b_n x^n \quad (b_0, b_1, b_2, \cdots, b_n \text{ 为常数}).$$

由一组实验数据找出一条最佳的拟合直线(或曲线),常用的方法是最小二乘法.下面

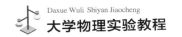
介绍最小二乘法的一元线性回归问题.

1. 一元线性回归

最小二乘法是一种常用的数学方法,用这种方法拟合同一组实验数据时,不论处理的是谁,只要处理过程正确无误,结果都会相同,这是一种更为客观、结果更为准确的方法.

最小二乘法的应用条件如下:

(1) 各测量数据误差服从正态分布;

(2) 测量数据误差分布近似服从正态分布,或虽为其他分布,但数据点的测量误差都很小.

最小二乘法的基本原理如下:在满足上述条件的情况下,在最佳拟合直线上,各相应点的值与测量值之差的平方和为最小.

假设所研究的两个变量为 x 和 y,且它们之间存在线性相关关系,是一元线性方程:

$$y = a + bx.$$

实验测得的一组数据如下:

$$x: x_1, x_2, x_3, \cdots, x_n,$$
$$y: y_1, y_2, y_3, \cdots, y_n.$$

需要解决的问题是根据所测得的数据,如何确定方程中的常数 a 和 b.实际上,相当于用作图法求直线的斜率和截距.

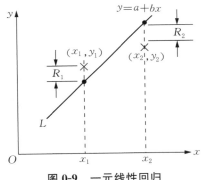

图 0-9 一元线性回归

首先,在 x,y 平面上任意作一直线 L,它的方程为

$$y = a + bx,$$

如图 0-9 所示.实验任意数据点 (x_i, y_i) 到直线 L 上同一横坐标 x_i 所对应点 (x_i, y_i) 间的距离 R_i 为

$$R_i^2 = [y_i - (a + bx_i)]^2.$$

为了定量描述直线 L 和 n 个测量值的远近程度,引入函数 $S(a, b)$,

$$S(a, b) = \sum_{i=1}^{n} [y_i - (a + bx_i)]^2,$$

即:函数 $S(a, b)$ 是 n 个测量点沿 y 轴方向到直线 L 距离的平方和.而要求的直线应该和 n 个测量点距离最近,即希望函数 $S(a, b)$ 值最小.

由于 $S(a, b)$ 是 n 个 R_i^2 之和,又要使 $S(a, b)$ 最小,因此,习惯上称之为最小二乘原理,即最小二乘法.

依照上述原理,找出合适的 a,b 的问题可以利用极值定理来完成,即

$$\begin{cases} \dfrac{\partial S}{\partial a} = -2 \sum (y_i - bx_i - a) = 0, \\ \dfrac{\partial S}{\partial b} = -2 \sum (y_i - bx_i - a) x_i = 0. \end{cases}$$

将上式展开,得

$$\begin{cases} \sum y_i - b \sum x_i - na = 0, \\ \sum (y_i x_i) - b \sum x_i^2 - a \sum x_i = 0. \end{cases}$$

令 $\bar{x}$ 为 x 的平均值，$\bar{x} = \dfrac{1}{n} \sum\limits_{i=1}^{n} x_i$；$\bar{y}$ 为 y 的平均值，$\bar{y} = \dfrac{1}{n} \sum\limits_{i=1}^{n} y_i.$

$\overline{x^2}$ 为 x^2 的平均值，$\overline{x^2} = \dfrac{1}{n} \sum\limits_{i=1}^{n} x_i^2$；$\overline{xy}$ 为 xy 的平均值，$\overline{xy} = \dfrac{1}{n} \sum\limits_{i=1}^{n} x_i y_i.$

方程组化简为

$$\begin{cases} \bar{y} - a - b\bar{x} = 0, \\ \overline{xy} - a\bar{x} - b \overline{x^2} = 0. \end{cases}$$

解此方程组，得

$$\begin{cases} b = \dfrac{\bar{x} \cdot \bar{y} - \overline{xy}}{\overline{x^2} - \overline{x}^2}, \\ a = \bar{y} - b\bar{x}. \end{cases}$$

2. 把非线性相关问题变换成线性相关问题

在实际问题中，当变量间不是直线关系时，可以通过适当的变量变换，使不少曲线问题能够化成线性相关问题. 需要注意的是，经过变换，最小二乘法限定条件不一定满足，会产生一些新的问题. 遇到这类情况应采取更恰当的曲线拟合方法.

下面举几例说明：

（1）若函数为 $x^2 + y^2 = C$，其中 C 为常数，令 $X = x^2$，$Y = y^2$，则有

$$Y = C - X.$$

（2）若函数为 $y = \dfrac{x}{a + bx}$，其中 a，b 为常数，将原方程化为 $\dfrac{1}{y} = b + \dfrac{a}{x}$. 令 $Y = \dfrac{1}{y}$，$X = \dfrac{1}{x}$，则有

$$Y = b + aX.$$

3. 相关系数 γ

以上所讨论的都是实验在已知函数形式下进行时由实验的测量数据求出的回归方程. 因此，在函数形式确定以后，用回归法处理数据，其结果是唯一的，不会像图解法那样因人而异. 可见用回归法处理问题的关键是函数形式的选取. 对同一组实验数据，不同人员可能会取不同的函数形式，因而得出不同的结果.

为了判断所得结果是否合理，在待定常数确定以后，还需要计算相关系数 γ. 对于一元线性回归，γ 定义为

$$\gamma = \frac{\overline{xy} - \bar{x} \cdot \bar{y}}{\sqrt{(\overline{x^2} - \bar{x}^2)(\overline{y^2} - \bar{y}^2)}}.$$

相关系数 γ 的数值大小反映了相关程度的好坏. 可以证明，$|\gamma|$ 的值介于 0 和 1 之间. $|\gamma|$ 值越接近 1，说明实验数据能密集在求得的直线附近，y，x 之间存在线性关系，用线

性函数进行回归比较合理,如图 0-10 所示.相反,如果 $|\gamma|$ 值远小于 1 而接近 0,说明实验数据对于求得的直线很分散,y 与 x 之间不存在线性关系,即用线性回归不妥,必须用其他函数重新试探,如图 0-11 所示.在物理实验中,一般当 $|\gamma| \geqslant 0.9$ 时,就认为两个物理量之间存在较密切的线性关系.

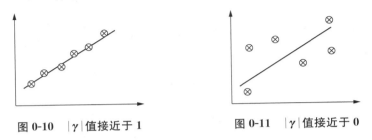

图 0-10 $|\gamma|$ 值接近于 1   图 0-11 $|\gamma|$ 值接近于 0

方程的线性回归用手工计算是很麻烦的.但是,不少袖珍型函数计算器均有线性回归计算键,计算起来也非常方便,因而线性回归的应用日益普及.

第七节　计算机技术在实验数据处理中的应用

在大学物理实验中,采用手工制表、作图等方法对实验数据进行处理,不仅耗费学生大量的时间和精力,同时还存在计算精度不高、手工作图误差较大等弊端,与单纯利用传统的手段进行实验数据处理相比,借助计算机来处理数据具有很多优点,如速度快、精度高、直观性强,既可以减少繁琐的计算,又能提高学生应用计算机的能力.因此,在教学过程中有意识地引导和利用计算机来处理数据不仅是必要的,而且是可行的.

计算机技术在物理实验数据处理中的应用,主要包括采用计算机对测得的数据进行分析、计算、作图等处理方法以得出实验数据处理结果.目前使用比较多的软件有 Excel、Origin 等.

Excel 软件可以对大学物理实验数据进行数值运算和误差计算,如计算给定公式值、统计平均值和不确定度等,只要输入数据后进行简单的输入或者插入函数就能完成,这对于计算机应用能力不强的初学者是非常容易学习和掌握的.通过 Excel 软件进行处理的数据结果可以即时更新,直观可视,而且制成电子模板后可以重复对数据进行快捷方便地处理.Excel 软件还可以对实验数据进行曲线绘制和线性拟合,但其绘图功能不如 Origin 软件简便、强大.例如,线性拟合时不能得到很多相关的信息和参数,在很多实验实际操作过程中,对实验数据分析存在一定的局限性.Origin 软件是一款公认的简单易学、操作灵活、功能强大的图形可视化和数据分析软件.利用 Origin 软件对物理实验数据进行曲线绘制、线性拟合和非线性拟合,不仅可以消除手工处理时引入的各种误差,还可以提高实验数据处理的精确度,使得处理的结果可以重复,对提高计算机应用能力和激发大学物理实验的学习兴趣也大有裨益.下面通过大学物理实验数据处理实例来介绍 Excel 和 Origin 软件的具体应用.

一、Excel 软件在数据处理中的应用

在计算机基础课程中已经学习过 Excel 软件.Excel 软件作为一种电子表格,具有功能强大的数据处理能力.利用 Excel 软件中的数据计算功能,可以进行常见的数据处理,如计算平均值、方差,进行直线拟合、求解简单方程等既方便又快速.

1. 数值运算和误差计算

以“牛顿环——光的等厚干涉”实验为例,对 Excel 软件的数值运算和误差计算进行说明.实验中记录数据的表格如图 0-12 所示.

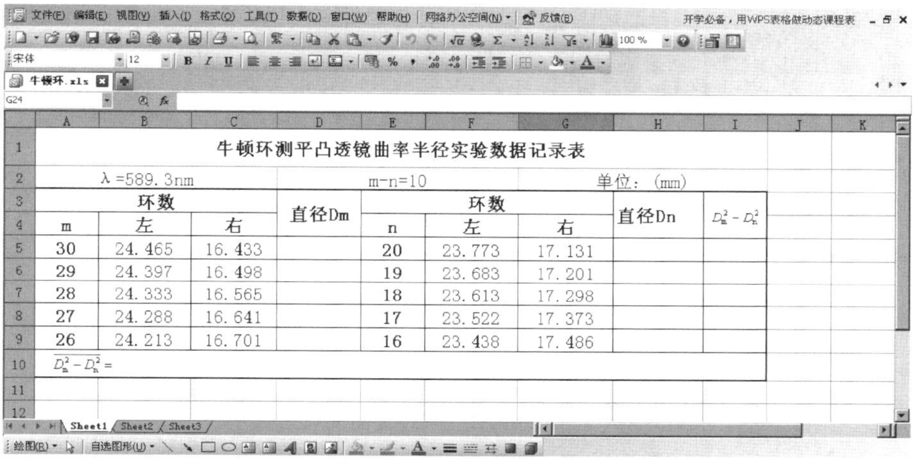

牛顿环测平凸透镜曲率半径实验数据记录表

λ =589.3nm　m−n=10　单位:(mm)

环数			直径Dm	环数			直径Dn	$D_m^2-D_n^2$
m	左	右		n	左	右		
30	24.465	16.433		20	23.773	17.131		
29	24.397	16.498		19	23.683	17.201		
28	24.333	16.565		18	23.613	17.298		
27	24.288	16.641		17	23.522	17.373		
26	24.213	16.701		16	23.438	17.486		
$\overline{D_m^2-D_n^2}$ =								

图 0-12　牛顿环实验数据

在该实验的数据处理中,牛顿环曲率半径有两种求法.

方法 1:在 D5 单元格中直接输入“=B5−C5”后回车.

方法 2:在 D5 单元格中直接输入“=”后,用鼠标左键点击 B5,再输入“−”,用鼠标左键点击 C5,回车或用鼠标左键点击编辑栏输入符号“√”,如图 0-13 所示.

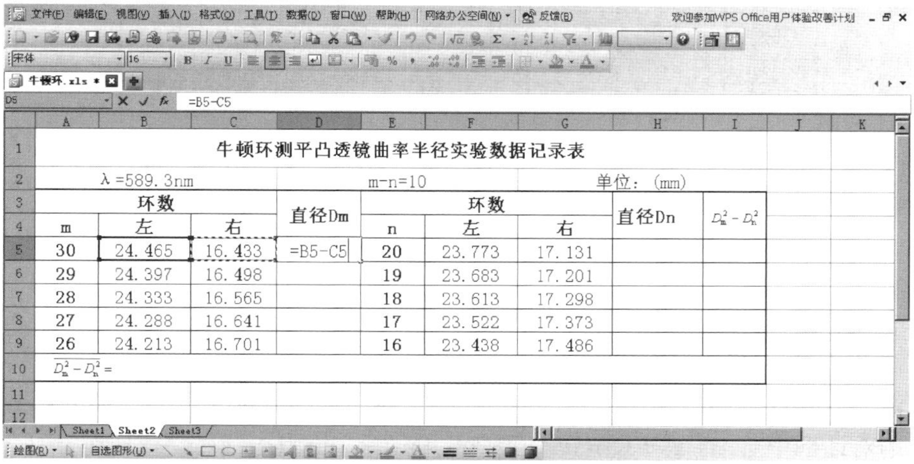

牛顿环测平凸透镜曲率半径实验数据记录表

λ =589.3nm　m−n=10　单位:(mm)

环数			直径Dm	环数			直径Dn	$D_m^2-D_n^2$
m	左	右		n	左	右		
30	24.465	16.433	=B5-C5	20	23.773	17.131		
29	24.397	16.498		19	23.683	17.201		
28	24.333	16.565		18	23.613	17.298		
27	24.288	16.641		17	23.522	17.373		
26	24.213	16.701		16	23.438	17.486		
$\overline{D_m^2-D_n^2}$ =								

图 0-13　牛顿环实验数据处理 1

把鼠标左键放在 D5 单元格右下角出现“+”时，按住鼠标左键竖直下拉到 D9 单元格，然后松开鼠标左键，D5，D6，D7，D8，D9 单元格中的直径就自动计算出来，如图 0-14 所示.

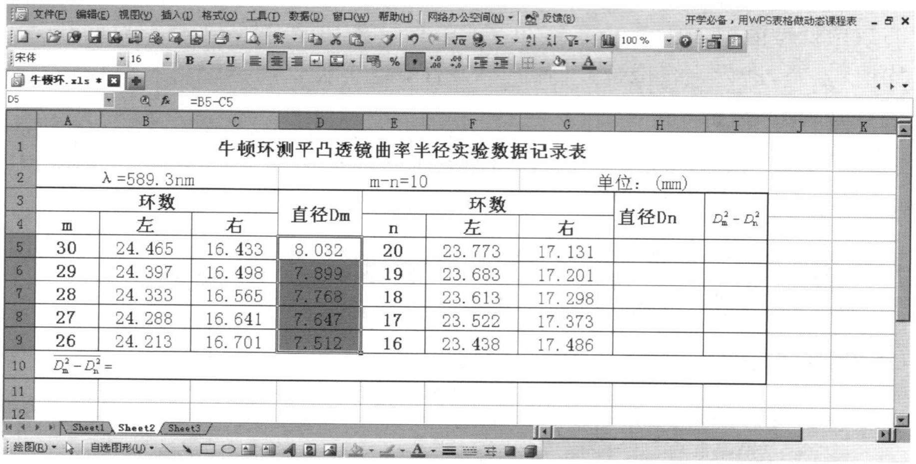

牛顿环测平凸透镜曲率半径实验数据记录表

λ=589.3nm　　m-n=10　　单位：(mm)

环数			直径Dm	环数			直径Dn	$D_m^2-D_n^2$
m	左	右		n	左	右		
30	24.465	16.433	8.032	20	23.773	17.131		
29	24.397	16.498	7.899	19	23.683	17.201		
28	24.333	16.565	7.768	18	23.613	17.298		
27	24.288	16.641	7.647	17	23.522	17.373		
26	24.213	16.701	7.512	16	23.438	17.486		
$\overline{D_m^2-D_n^2}=$								

图 0-14　牛顿环实验数据处理 2

在 I5 单元格中编辑公式“=D5＊D5－H5＊H5”后回车，即可计算出该值，把鼠标左键放在 I5 单元格右下角出现“+”时，按住鼠标左键竖直下拉到 I9 单元格，然后松开鼠标左键，I5 至 I9 单元格中的数值就自动计算出来，如图 0-15 所示.

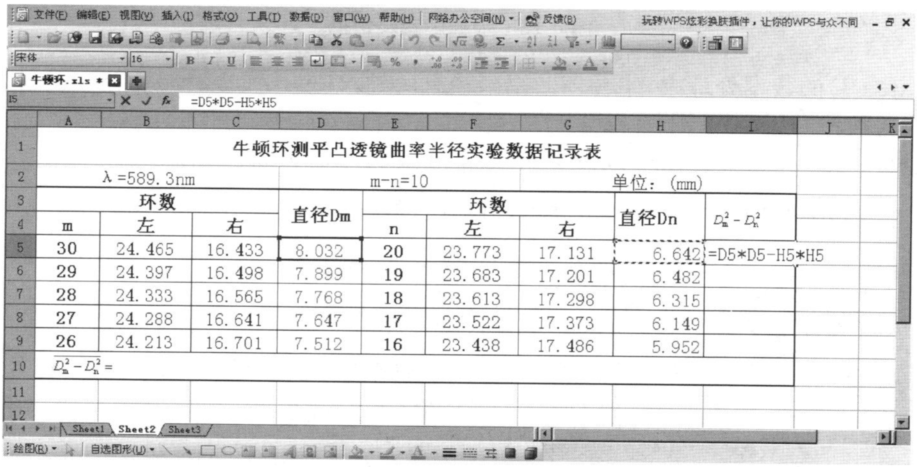

牛顿环测平凸透镜曲率半径实验数据记录表

λ=589.3nm　　m-n=10　　单位：(mm)

环数			直径Dm	环数			直径Dn	$D_m^2-D_n^2$
m	左	右		n	左	右		
30	24.465	16.433	8.032	20	23.773	17.131	6.642	=D5*D5-H5*H5
29	24.397	16.498	7.899	19	23.683	17.201	6.482	
28	24.333	16.565	7.768	18	23.613	17.298	6.315	
27	24.288	16.641	7.647	17	23.522	17.373	6.149	
26	24.213	16.701	7.512	16	23.438	17.486	5.952	
$\overline{D_m^2-D_n^2}=$								

图 0-15　牛顿环实验数据处理 3

在 A10 单元格中求平均值有两种方法.

方法 1：在 A10 单元格中直接输入“=AVERAGE(I5：I9)”后回车.

方法 2：用鼠标左键点击 A10 单元格，在编辑栏中再用鼠标左键点击插入函数“f_x”，在弹出的对话框中选中“AVERAGE”函数后，用鼠标左键点击“确定”或回车，用鼠标左键选中 I5 至 I9 共 5 个单元格，回车或用鼠标左键点击编辑栏输入符号“√”，如图 0-16 所示.

牛顿环测平凸透镜曲率半径实验数据记录表								
λ=589.3nm			m-n=10				单位:(mm)	
环数			直径Dm	环数			直径Dn	$D_m^2-D_n^2$
m	左	右		n	左	右		
30	24.465	16.433	8.032	20	23.773	17.131	6.642	20.397
29	24.397	16.498	7.899	19	23.683	17.201	6.482	20.378
28	24.333	16.565	7.768	18	23.613	17.298	6.315	20.463
27	24.288	16.641	7.647	17	23.522	17.373	6.149	20.666
26	24.213	16.701	7.512	16	23.438	17.486	5.952	21.004
$\overline{D_m^2-D_n^2}$=20.582								

图 0-16　牛顿环实验数据处理 4

除了计算平均值之外，常用到求测量值的标准偏差.用鼠标左键点击插入函数“f_x”，在弹出的对话框中选中“STDEV”函数后，用鼠标左键点击“确定”或回车，用鼠标左键选中所求数据所在单元格，回车或用鼠标左键点击编辑栏输入符号“√”.

在实验数据处理中经常使用的函数包括：求和函数(SUM)、算术平均值函数(AVERAGE)、标准偏差函数(STDEV)、计数函数(COUNT、COUNTIF)、线性回归拟合方程的斜率函数(SLOPE)、线性回归拟合方程的截距函数(INTERCEPT)、线性回归拟合方程的预测值函数(FORECAST)、相关系数函数(COR2REL)、t 分布函数(TINV)、最大值函数(MAX)、最小值函数(MIN)、近似函数(ROUND、ROUNDDOWN、ROUNDUP、INT)和一些数学函数(SIN、COS、TAN、LN、LOG10、EXP、P1、SQRT、POWER)等.

2. 曲线绘制

Excel 软件还可以对实验数据进行折线图和 XY 散点图的绘制，在 XY 散点图上能进行回归分析，得到线性回归拟合方程和相关系数的平方，这使得用图解法处理实验数据变得非常方便可行.下面通过“伏安法测线性电阻的伏安特性曲线”实验举例说明.实验中记录数据的表格如图 0-17 所示.

线性电阻的伏安特性数据记录表										
次序	1	2	3	4	5	6	7	8	9	10
电流I (mA)	2.12	4.10	6.05	7.85	9.70	11.83	13.78	16.02	17.86	19.94
电压U (V)	1.00	2.00	3.00	4.00	5.00	6.00	7.00	8.00	9.00	10.00

图 0-17　电阻的伏安特性实验数据

在工具栏菜单中选择插入菜单中的"图表向导"选项,则出现图表向导对话框.如图 0-18 所示,在"图表类型"窗口中选择第五种,即"XY 散点图",在"子图表类型"中选择左下角的"折线散点图",点击"下一步"按钮,弹出图表源数据对话框,如图 1-19 所示.

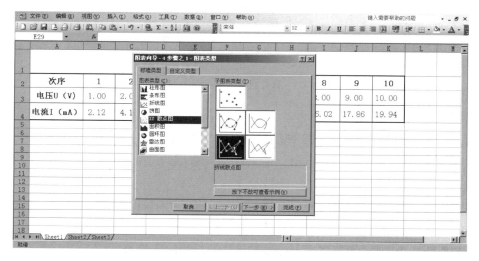

图 0-18　电阻的伏安特性实验数据处理 1

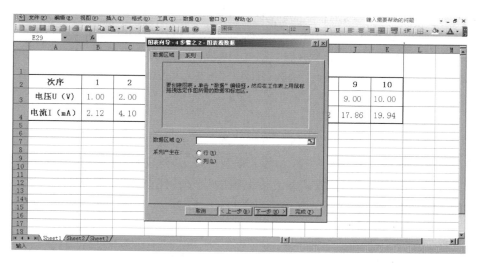

图 0-19　电阻的伏安特性实验数据处理 2

在"数据区域"空白处用鼠标左键单击"⊞"符号,选择"B4:K4"后单击"▣",出现"源数据"对话框,如图 0-20 所示.

单击"系列"标题,用鼠标左键点击"⊞"符号,分别选择"名称(N)"、"X 值(X)"、"Y 值(Y)"的数据区域,如图 0-21 所示.

点击"下一步"按钮,在对话框中依次选择"标题"、"坐标轴"、"网格线"、"图例"、"数据标志"选项,如图 0-22 所示.

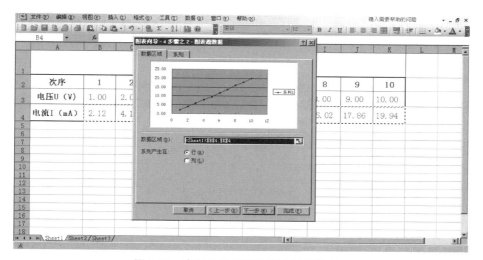

图 0-20　电阻的伏安特性实验数据处理 3

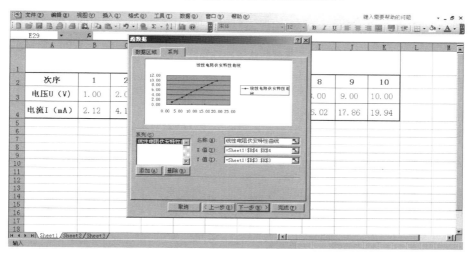

图 0-21　电阻的伏安特性实验数据处理 4

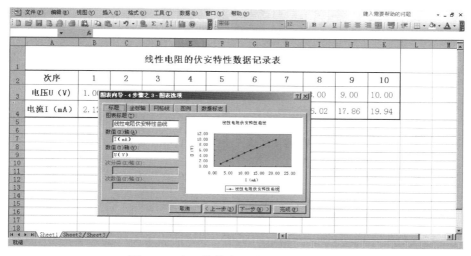

图 0-22　电阻的伏安特性实验数据处理 5

完成相应内容后点击"下一步"按钮,在对话框中选择"作为其中的对象插入(O)",点击完成,如图 0-23 所示.

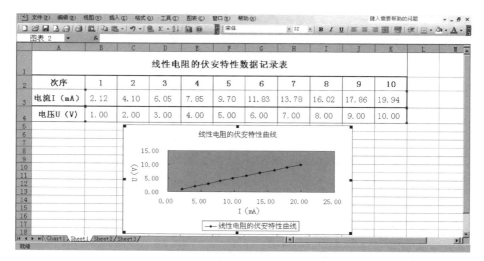

图 0-23　电阻的伏安特性实验数据处理 6

3. 线性拟合

在上述步骤完成以后,选中图表中的数据,在菜单中选择"添加趋势线",在"类型"中选择"线性",如图 0-24 所示.

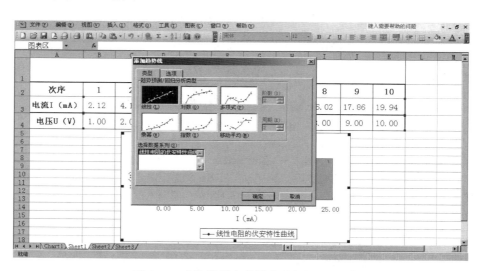

图 0-24　电阻的伏安特性实验数据处理 7

在"选项"中选中复选框"显示公式"和"显示 R 平方值",添加"趋势线名称",如图 0-25 所示.

单击确定,在图表中出现公式 "$y = 0.505\,2x - 0.019\,1$,$R^2 = 0.999\,5$",其中直线的斜率 "$k = 0.505\,2\text{(V/mA)} = 505.2\ \Omega$" 即电阻阻值,"$R^2$"值表示曲线的拟合程度,越接近 1 表示拟合度越高、实验数据越理想,如图 0-26 所示.

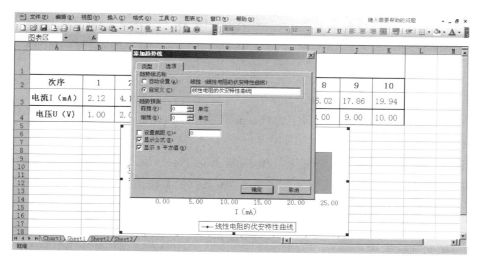

图 0-25　电阻的伏安特性实验数据处理 8

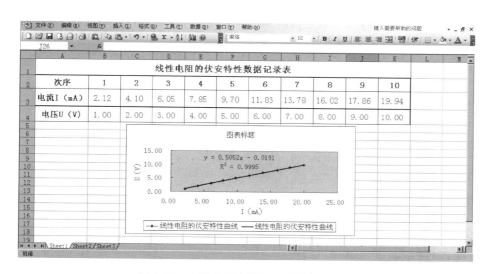

图 0-26　电阻的伏安特性实验数据处理 9

使用 Excel 软件处理物理实验数据,使数据处理变得简单方便,又不失对数据处理、误差分析方法的了解与掌握.

二、Origin 软件在数据处理中的应用

Origin 软件以其能够快速、准确地得到各种信息和参数被广泛应用于各种图形化的数据处理.利用 Origin 软件可以快速对物理实验数据进行曲线绘制、线性拟合和非线性拟合等.

1. 曲线绘制

以"直流圆线圈轴线上的磁场"实验为例,需要利用图解法比较轴线上磁场分布的理论值和实验值.利用 Origin 软件可以非常快速和形象地给出实验结果.实验中的直流圆线

圈半径 $R=0.1\,\mathrm{m}$，通过线圈的电流 $I=0.4\,\mathrm{A}$，线圈匝数 $N=400$，x 为轴线上某点到线圈圆心 O 的距离，真空磁导率 $\mu_0=4\pi\times10^{-7}\,\mathrm{H/m}$，则轴线上的磁场分布可表示为

$$B=\frac{\mu_0 NIR^2}{2(R^2+x^2)^{3/2}}=\frac{4\pi\times400\times0.4\times0.1^2}{2\times(0.1^2+x^2)^{3/2}}=\frac{0.32\pi}{(0.1^2+x^2)^{3/2}}\times10^{-6}(\mathrm{T}).$$

打开 Origin 软件，默认弹出名字为"Book1"的工作表窗口，工作表默认"A(X)"列为 x 轴(直流圆线圈轴线上的坐标)、"B(Y)"列为 y 轴(磁感应强度理论值).在工作表空白处点击鼠标右键后，再单击弹出快捷菜单中的"Add New Column"，增加新的列"C(Y)"(磁感应强度实验值).线圈轴线上坐标可以在"A(X)"依次输入从 -12 到 12(单位为 cm).更简单的方法是：用鼠标右键单击"A(X)"列的标题栏，从打开的快捷菜单中选择"Set Column Values"，在"Set Column Values"对话框中设置"From row 1 to 25"，在"Col(A)="文本框内键入"i-13"，单击"OK"按钮，如图 0-27 所示，Origin 软件就自动生成"A(X)"列的数据.同理，可以在"B(Y)"列中设定显示磁感应强度的理论值，只需要在"B(Y)"列的"Set Column Values"对话框中"Col(B)="文本框内，键入"0.32 * 3.1416/(0.01+(Col(A)/100)^2)^(3/2)"，其中 π 值取为 3.141 6.最后将测量得到的轴向磁感应强度实验值输入"C(Y)"列，结果如图 0-27 所示.

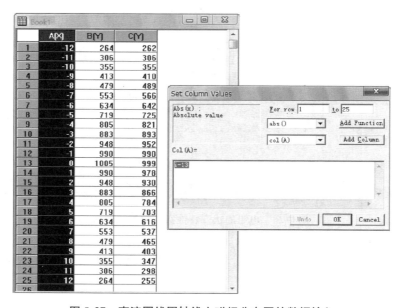

图 0-27　直流圆线圈轴线上磁场分布图的数据输入

同时选中"A(X)"、"B(Y)"和"C(Y)"3 列数据，点击鼠标右键，在弹出的菜单中选择"Plot".再在下一级菜单中选择"Line+Symbol"，就可以立刻得到圆线圈轴线上的磁场分布图，或者利用菜单栏"Polt"的下拉菜单"Line+Symbol"，也可以完成图形的绘制.绘制的图形可以根据需要进行修改，如起止坐标范围、坐标刻度大小等，只需双击坐标刻度，利用弹出的对话框进行各项设置即可完成，这里不再赘述.圆线圈轴线上磁场的分布为光滑曲线，双击图形中的曲线，在弹出对话框"Line"标签栏中的"Connect"下拉菜单选择

"B-Spline"即可.有的图形绘制要求用折线连接,只需在此选择"Straight".最终得到圆线圈轴线上磁场分布如图 0-28 所示.

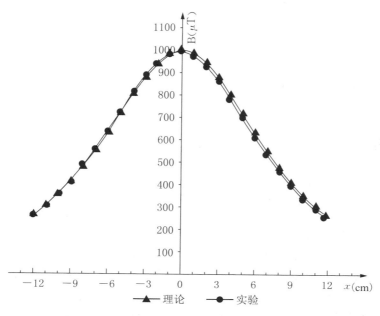

图 0-28   圆线圈轴线上磁场分布图

观察 Origin 软件绘制的圆线圈轴线上磁场分布图,发现实验值与理论值在总体上符合得比较好.但从细节上来看,负半轴开始的几个数据符合得非常好,但随着测量数据向 x 轴正向移动,磁场的实验值慢慢小于理论值,可能是预热时间不够造成零点偏移.因此,实验可以加长预热时间后再进行调零,或者在测量过程中重复进行调零.利用 Origin 软件绘制图形可以得到实验数据反映的这些细节,如果采用手工作图,相信较难在手工图上区分实验值和理论值的这些细微差别,这也正体现出使用数据处理软件处理数据的优势.

2. 线性拟合

用 Origin 软件对数据进行线性拟合,使用菜单栏快捷键更简单,还可以得到线性回归拟合方程和相关系数的平方及其标准误差.下面仍然以"伏安法测线性电阻的伏安特性曲线"实验进行举例说明.

打开 Origin 软件,在默认"Book1"工作表中的"A(X)"列和"B(Y)"列分别输入电流 I 和电压 U 的实验测量值.点击"Plot"的下一级菜单,选择"Scatter"绘制出电流为横坐标、电压为纵坐标的散点图.单击菜单栏"Analysis",选择下拉菜单"Fit Linear",Origin 软件便会根据线性回归方法自动生成拟合的直线,同时弹出结果窗口显示拟合结果,如图 0-29 所示.结果窗口输出的数据包括截距 a 及其标准误差、斜率 b 及其标准误差、相关系数 R 的平方.由图 0-29 中的结果可知,其拟合结果和 Excel 软件拟合的结果一致,

$$k = 0.505\,2(\text{V/mA}) = 505.2\ \Omega,\ R^2 = 0.999\,5.$$

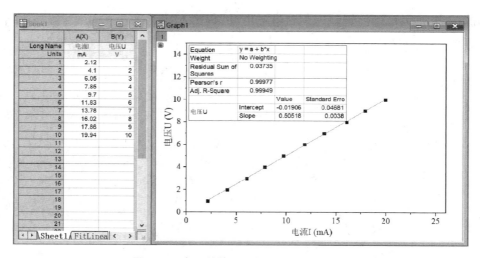

图 0-29　电阻的伏安特性实验数据和处理

利用 Excel 和 Origin 软件拟合得到的数据结果是可以重复的.即使是不同实验者,只要实验数据相同,线性回归的结果是相同的.由计算机软件介入的数据处理过程使得大学物理实验的数据处理变得简单、快捷、准确,而且可重复性好;绘制的图形避免了手工作图引入的人为误差,而且更精确、细致、美观.随着计算机技术的普及,当代大学生的计算机技术应用水平也日益提高,运用计算机软件处理大学物理实验数据,不仅可以培养运用现代技术手段的能力,更重要的是可以激发大家的学习兴趣和热情.

练习题

1. 试区分下列概念:

(1) 绝对误差和相对误差;

(2) 真值和算术平均值;

(3) 系统误差和随机误差;

(4) 误差和不确定度;

(5) 精密度、准确度和精确度.

2. 指出下列情况属于随机误差还是系统误差:

(1) 电表读数时的视差;

(2) 螺旋测微计零点不准;

(3) 水银温度计毛细管不均匀;

(4) 米尺因低温而收缩;

(5) 单摆测重力加速度.

3. 指出下列各数据有效数字的位数:

(1) 2.000 2;(2) 0.000 8;(3) 0.120 00;(4) 58.662 00;(5) 5.6×10^4.

4. 改正下列错误,写出正确答案:

(1) $R = 3\ 856\ \text{km} = 3\ 856\ 000\ \text{m} = 385\ 600\ 000\ \text{cm}$;　(2) $P = (9\ 527 \pm 40)\text{kg}$;

(3) $d = (12.439 \pm 0.2)\text{cm}$;　(4) $r = (10.428 \pm 0.436)\text{cm}$;

(5) $h = (48.5 \times 10^4 \pm 200) \mathrm{kg}$；　　　　　　　　(6) $\theta = 60° \pm 2'$.

5. 在测量弹簧倔强系数实验中，在弹性限度内，弹簧的长度随着砝码质量增加，如表 0-4 所示.请根据表中数据利用逐步法求出该弹簧的倔强系数（$g = 9.8\ \mathrm{m \cdot s^{-2}}$）.

表 0-4　测量弹簧倔强系数数据记录及处理

砝码 m/mg	0	0.2	0.4	0.6	0.8	1.0	1.2	1.4
弹簧长度 l/mm	10.0	12.3	14.1	15.9	18.2	20.1	21.9	24.2

6. 在"拉伸法测杨氏模量"实验中，获得如表 0-5 所示数据，请完成计算（要写出详细计算过程）.

表 0-5　拉伸法测杨氏模量实验数据表

被测量	次　数					$\bar{x}$	S_x	$\Delta_{x仪}$	Δ_x	$x = \bar{x} \pm \Delta x$	$E_x = \dfrac{\Delta x}{\bar{x}}\%$
	1	2	3	4	5						
L/cm	—	—	—	—	—	86.74	—	0.05			
B/m	—	—	—	—	—	1.850 6	—	5×10^{-4}			
D/mm	0.868	0.864	0.853	0.848	0.858			0.004			
b/cm	—	—	—	—	—	6.75	—	0.05			

7. 利用单摆测量重力加速度 g，当摆角很小时有 $T = 2\pi \sqrt{\dfrac{l}{g}}$ 的关系.式中，l 为摆长，T 为周期.现测得实验数据如表 0-6 所示，试求出重力加速度 g.

表 0-6　利用单摆测量重力加速度数据记录及处理

摆长 l/cm	46.1	56.5	67.3	79.0	89.4	99.9
周期 T/s	1.363	1.507	1.645	1.784	1.900	2.008

8. 试用线性回归法对第 7 题数据进行直线拟合，求出重力加速 g 和相关系数 γ.

物理实验

实验 1　长度的测量

长度是基本物理量,长度的测量是一切测量的基础.在科学实验和生产实践中,许多测量都与长度测量有关.常用而又较简单的测量长度的量具有米尺、游标卡尺和螺旋测微计.这 3 种量具测量长度的范围和准确度各不相同,需视测量的对象和条件加以选用.如果所要测量的物体无法直接接触测量,或物体的线度很小且测量要求准确度很高,则可用其他更精密的仪器(如读数显微镜)或其他更适合的测量方法.

【实验目的】

(1) 掌握游标卡尺、螺旋测微计和读数显微镜的装置原理和正确使用方法.
(2) 理解有效数字和误差的基本概念,并能正确计算不确定度和表示测量结果.

【实验原理】

1. 游标卡尺

(1) 用途和构造.

游标卡尺是一种能准确到 0.1 mm 以上的较精密量具,用它可以测量物体的长、宽、高、深及工件的内、外直径等.它主要由按米尺刻度的主尺和一个可沿主尺移动的游标(又称副尺)组成.常用的一种游标卡尺的结构如图 1-1 所示.D 为主尺,E 为副尺,主尺和副尺上有测量钳口 AB 和 $A'B'$,钳口 $A'B'$ 用来测量物体内径,尾尺 C 在背面与副尺相连,移动副尺时尾尺也随之移动,可用来测量孔径深度,F 为锁紧螺钉,锁紧它,副尺就与主尺固定了.

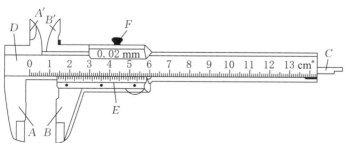

图 1-1　游标卡尺

(2) 分度原理.

通常设计游标上 N 个分度格的长度与主尺上 $(N-1)$ 个分度格的长度相等.若游标上最小分度值为 b,主尺上最小分度值为 a,则有 $Nb=(N-1)a$,其差值为

$$a-b=a-\frac{N-1}{N}a=\frac{a}{N}.$$

由此可知,当 a 一定时,N 越大,其差值 $(a-b)$ 越小,测量时读数的准确度越高.该差值 a/N 通常称为游标的分度值或称精度,这就是游标分度原理.不同型号和规格的游标卡尺,其游标的长度和分度值可以不同,但其游标的基本原理均相同.一般常用的有 10 分度(最小分度值为 0.1 mm)、20 分度(最小分度值为 0.05 mm)和 50 分度(最小分度值为 0.02 mm).如图 1-2 所示,本实验室所用的大都是 50 分度游标卡尺.$N=50$,$a=1$ mm,分度值为 $1/50=0.02$ mm,此值正是测量时能读到的最小读数(也是仪器的示值误差).

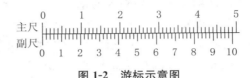

图 1-2 游标示意图

对于游标卡尺的仪器误差,一般取游标卡尺的最小分度值为其仪器误差 $\Delta_{仪}$.

(3) 读数方法.

读数时,待测物的长度 L 可分为两部分读出后再相加.先在主尺上与游标"0"线对齐的位置读出毫米以上的整数部分 L_1,再在游标上读出不足 1 mm 的小数部分 L_2,则 $L=L_1+L_2$. $L_2=K\dfrac{1}{N}$ mm,K 为游标上与主尺某刻线对得最齐的那条刻线的序数.例如,游标尺读数为 $L_1=21$,$L_2=K\dfrac{1}{N}=22\times\dfrac{1}{50}=0.44$(mm),则有

$$L=L_1+L_2=21+0.02\times22=21.44\text{(mm)}.$$

许多游标卡尺的游标上常标有数值,L_2 可以直接由游标读出.如图 1-3 所示,可以从游标直接读出 L_2 为 0.44 mm.

图 1-3 游标卡尺的读数方法

(4) 注意事项.

① 测量之前应检查游标卡尺的零点读数,看主副尺的零刻度线是否对齐.若没有对齐,须记下零点读数,以便对测量值进行修正.

② 卡住被测物时,松紧要适当,不要用力过大,注意保护游标卡尺的刀口.

③ 测量圆筒内径时,要调整刀口位置,以便测出的是直径而不是弦长.

2. 螺旋测微计

(1) 用途和构造.

螺旋测微计(又叫千分尺)是比游标卡尺更精密的测量长度的工具.它可用来测量精密零件尺寸、金属丝的直径和薄片的厚度;也可固定在望远镜、显微镜、干涉仪等仪器上,用来测量微小长度或角度.用螺旋测微计测长度可以准确到 0.01 mm,测量范围为几个厘米.

　　螺旋测微计的构造如图 1-4 所示.螺旋测微计的小砧和固定刻度固定在框架上,旋钮、微调旋钮和可动刻度、测微螺杆连在一起,通过精密螺纹套在固定刻度上.

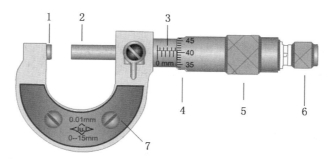

1-小砧;2-测微螺杆;3-固定刻度;4-可动刻度;5-旋钮;6-微调旋钮;7-框架

图 1-4　螺旋测微计

　　(2)原理和使用.

　　螺旋测微计依据螺旋放大的原理制成,即:螺杆在螺母中旋转 1 周,螺杆便沿着旋转轴线方向前进或后退一个螺距的距离.因此,沿轴线方向移动的微小距离,就能用圆周上的读数表示出来.可动刻度有 50 个等分刻度的,也有 25 个和 100 个等分刻度的.现以可动刻度有 50 个等分刻度的螺旋测微计为例,其精密螺纹的螺距是 0.5 mm,可动刻度旋转 1 周,测微螺杆可前进或后退 0.5 mm,因此,旋转每个小分度,相当于测微螺杆前进或后退 0.5/50＝0.01 mm.可见可动刻度每一小分度表示 0.01 mm,所以螺旋测微计可准确到 0.01 mm.由于还能再估读一位,可读到毫米的千分位,因此螺旋测微计又名千分尺.

　　(3)测量和读数方法.

　　在测量过程中,当小砧和测微螺杆并拢时,可动刻度的零点若恰好与固定刻度的零点重合,旋出测微螺杆,并使小砧和测微螺杆的面正好接触待测长度的两端,那么测微螺杆向右移动的距离就是所测的长度.这个距离的整毫米数由固定刻度读出,小数部分则由可动刻度读出.

　　读数时,依照读数准线读取数值.先从固定刻度读取 0.5 mm 以上的部分,再从可动刻度读取余下尾数部分(估计到最小分度的 1/10,即 1/1 000 mm),然后将两者相加.例如,图 1-5(a)中的读数为

$$L_1 = 1.5 \text{ mm} + 0.283 \text{ mm} = 1.783 \text{ mm};$$

图 1-5(b)中的读数为

$$L_2 = 1.5 \text{ mm} + 0.280 \text{ mm} = 1.780 \text{ mm}.$$

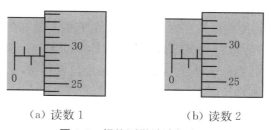

(a)读数 1　　　　　　　(b)读数 2

图 1-5　螺旋测微计读数方法

（4）注意事项.

① 测量前应检查零点读数.零点读数就是小砧和测微螺杆并拢时可动刻度的零点与固定刻度的零点不相重合而出现的读数.零点读数有正有负,测量时应加以修正,即在最后测出的读数上减去零点读数的数值.

② 测量时,在测微螺杆快靠近被测物体时应停止使用旋钮,而改用微调旋钮,待发出"咔咔"声时,即可进行读数.这样既可使测量结果精确,又能避免产生过大的压力,以保护螺旋测微计.

③ 读数时,要注意固定刻度尺上表示半毫米的刻线是否已经露出.

④ 读数时,千分位有 1 位估读数字,不能随便"丢弃".即使固定刻度的零点正好与可动刻度的某一刻度线对齐,千分位也应读取为"0".

⑤ 测量完毕,应使小砧和测微螺杆间留点空隙,以免因热膨胀而损坏螺纹,并放入盒内,防止受潮.

3.读数显微镜

（1）用途和构造.

读数显微镜是观察细微物体的光学仪器,当被测物长度很小或由于某些原因实验者

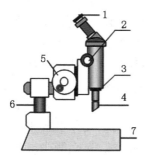

1-目镜；2-调焦手轮；3-物镜；4-45°反光镜；5-测微鼓轮；6-支架；7-底座

图 1-6　读数显微镜

无法用测量仪器直接靠近待测物体时,可借助于读数显微镜测物长.读数显微镜的型号很多,但基本结构都类同于图 1-6.它主要包括底座、支架和显微镜,其中显微镜主要由物镜和目镜组成,物镜和目镜的组合具有放大作用.用读数显微镜测微小长度有两种方式:一种为视场中直接读数,视场中的分划平面已事先校过刻线长度,它把被测物体放大并成像到视场分划平面上,即可测出长度;另一种测长是把显微成像与螺旋测微螺杆结合到一起来读数.

（2）测量原理.

显微镜的物镜和目镜组合具有放大作用.当物体被放到载物台上后,经物镜放大成实像落在目镜的焦距以内,再经过目镜放大为虚像映入观察者眼中,然后把待测对象与标准米尺、长度规或精密测微丝杆等进行比较,测量出结果.

（3）测量方法.

① 把待测物放置于显微镜载物台上.

② 调节目镜,使目镜内分划平面上的"十"字叉丝清晰,并且转动目镜使"十"字叉丝中的一条线与刻度尺垂直.

③ 调节显微镜镜筒,使它与待测物靠近,然后调节显微镜的焦距,能在视场中看到清晰的物像,并清除视差,即眼睛左右移动时,叉丝与物像间无相对位移.

④ 转动测微鼓轮,使叉丝分别与待测物体的两个位置相切,记下两次读数值 x_1,x_2,其差值的绝对值即为待测物长度 L,表示为

$$L = |x_2 - x_1|.$$

(4) 注意事项.

① 调节显微镜的焦距时,应使目镜筒从待测物移开,使目镜筒自下而上地调节.严禁将镜筒反向调节,以免碰伤和损坏物镜与待测物.

② 在整个测量过程中,"十"字叉丝中的一条线必须与主尺平行,"十"字叉丝的走向应与待测物的两个位置连线平行,同时不要移动待测物.

③ 测量中的测微鼓轮只能向一个方向转动,以防止因螺纹中的空程引起误差.

【实验仪器】

游标卡尺、螺旋测微计、读数显微镜和待测物.

【实验内容与步骤】

1. 用游标卡尺测量圆柱体的直径 d.

用游标卡尺测量圆柱体不同部位的直径 5 次,并记录下游标卡尺的仪器误差 $\Delta_{仪}$.

2. 用螺旋测微计测量小球的体积 V.

(1) 检查螺旋测微计的零点读数 D_0,用螺旋测微计测量小球不同部位的直径 5 次,并记录下螺旋测微计的仪器误差 $\Delta_{仪}$.

(2) 利用公式计算小球的体积 V 及其不确定度.

3. 用读数显微镜测量毛细管的直径 D.

(1) 测量前,先对光学部分进行调整.

① 调目镜:调目镜使叉丝清晰,且叉丝的横丝平行于读数标尺.

② 调物镜:将待测物置于载物台上,先从外部观察,降低物镜使其接近待测物,然后从目镜中边观察边慢慢提升物镜,直至待测物十分清晰为止.

③ 消除视差:若待测物的成像面与叉丝不在同一平面上,观测时眼睛上下或左右移动会看到叉丝与待测物的像有相对移动,这就是通常说的有视差.应反复调整目镜和物镜,使像与叉丝平面完全重合,即眼睛上下或左右移动时像与叉丝没有相对运动.

(2) 测量时,鼓轮沿一个方向转动(以避免因螺旋空程引入的误差),使叉丝中的横丝与镜筒移动的方向平行,且叉丝始终从同一方向接近待测物,当叉丝中纵丝与待测物一侧相切时再读数.

(3) 重复测量直径 5 次,记下每次读数.

【数据记录及处理】

1. 用游标卡尺测圆柱体的直径.

表 1-1 圆柱体的直径数据记录及处理

被测量	次 数					$\bar{d}$	S_d	$\Delta_{仪}$	Δ_d	$d = \bar{d} \pm \Delta_d$
	1	2	3	4	5					
d/mm										

2. 用游标卡尺测小球的体积.

表 1-2　小球的体积数据记录及处理

零点读数 $D_0 =$ _____ mm

次数	D_i /mm	
1		仪器误差 $\Delta_仪 = 0.004$ mm
2		$D = \overline{D} - D_0 =$ _____
3		$S_D = \sqrt{\dfrac{\sum(D-\overline{D})^2}{n-1}} =$ _____
4		
5		$\Delta_D = \sqrt{S_D^2 + \Delta_仪^2} =$ _____
平均值 $\overline{D}$		

计算小球体积：

$$\overline{V} = \frac{1}{6}\pi D^3 = \underline{\qquad};$$

$$\Delta_V = 3\,\overline{V}\frac{\Delta_D}{D} = \underline{\qquad};$$

$$V = \overline{V} \pm \Delta_V = \underline{\qquad}.$$

3. 用读数显微镜测毛细管的直径.

表 1-3　毛细管的直径数据记录及处理

次数	D_{i2}/mm	D_{i1}/mm	$D = \lvert D_{i2} - D_{i1} \rvert/\mathrm{mm}$	
1				仪器误差 $\Delta_仪 = 0.005$ mm
2				$S_D = \sqrt{\dfrac{\sum(D-\overline{D})^2}{n-1}} =$ _____
3				
4				$\Delta_D = \sqrt{S_D^2 + \Delta_仪^2} =$ _____
5				
平均值	—	—		$D = \overline{D} \pm \Delta_D =$ _____

【思考题】

1. 螺旋测微计的零点值在什么情况下为正，在什么情况下为负？

2. 如何避免读数显微镜在测量过程中的空程误差？

实验 2　拉伸法测杨氏模量

杨氏模量是表征在弹性限度内物质材料抗拉或抗压的物理量,它是沿纵向的弹性模量,也是材料力学名词.1807 年因英国医生兼物理学家托马斯·杨(Thomas Young,1773—1829)所得到的结果而命名.根据胡克定律,在物体的弹性限度内,应力与应变成正比,比值被称为材料的杨氏模量,它是表征材料性质的一个物理量,仅取决于材料本身的物理性质.杨氏模量的大小标志材料的刚性,杨氏模量越大,越不容易发生形变.

杨氏模量是选定机械零件材料的依据之一,是工程技术设计中常用的参数.杨氏模量的测定对研究金属、半导体、聚合物、陶瓷、橡胶等各种材料的力学性质有着重要意义,还可用于机械零部件设计、生物力学、地质等领域.测量杨氏模量的方法一般有拉伸法、梁弯曲法、振动法等,还出现了利用光纤位移传感器、电涡流传感器和波动传递技术等实验技术和方法测量杨氏模量.本实验主要介绍拉伸法测量杨氏模量,研究拉伸正应力与线应变之间的关系.

【实验目的】

(1) 学习用拉伸法测量杨氏模量.
(2) 掌握光杠杆测量微小长度变化的原理.
(3) 学习用逐差法进行数据处理.

【实验原理】

1. 杨氏模量

在外力作用下固体所发生的形状变化称为形变.形变可分为弹性形变和塑性形变两类.外力撤除后物体能完全恢复原状的形变,称为弹性形变.如果外力过大,致使外力撤除后物体不能完全恢复原状而留下剩余形变,就称为塑性形变.本实验只研究弹性形变,因此应控制外力的大小,以保证外力撤除后物体能完全恢复原状.

本实验研究最简单的一种形变,即棒状(或线状)固体仅受沿长度方向的外力作用而发生的伸长形变(称拉伸形变).如图 2-1 所示,当横截面积为 S、长度为 L 的金属丝受拉力 F 拉伸时,伸长了 ΔL,其单位面积截面所受到的拉力 F/S 称为正应力,而单位长度的伸长量 $\Delta L/L$ 称为线应变.根据胡克定律,在弹性形变范围内,金属丝正应力与线应变成正比,即

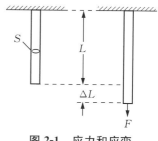

图 2-1　应力和应变

$$\frac{F}{S} = Y \cdot \frac{\Delta L}{L}, \qquad (2\text{-}1)$$

其比例系数 Y 为

$$Y = \frac{F/S}{\Delta L/L},\qquad(2\text{-}2)$$

Y 称为材料的杨氏模量.式中各单位均用 SI 单位时,Y 的单位为帕斯卡(1 Pa = 1 N · m^{-2}).由于形变 $\Delta L/L$ 无量纲,因此杨氏模量 Y 和应力 F/S 具有相同的量纲.

杨氏模量仅决定于物体材料的性质,与物体的几何尺寸(S、L 等)以及外力(F)作用的大小无关.对一定的材料而言,Y 是一个物理常数.它的物理意义如下:产生单位应变所需要的应力大小,即物体发生弹性形变的难易程度.Y 越大,使物体发生一定弹性形变所需的应力越大,或在一定的应力作用下所产生的弹性形变越小,即刚度越大.由此可见杨氏模量对于机械设计及材料性能研究的重要性.

本实验是测定某型号钢丝的杨氏模量,其中 F,S,L 均可用一般方法测得,但伸长量 ΔL 是一个微小变量,很难用一般方法测得,因此本实验的关键问题就是如何准确测出 ΔL.实验中采用光杠杆放大法来测定这一长度的微小变量 ΔL.

2. 光杠杆放大法

如图 2-2 所示,光杠杆是将一小圆形平面反射镜 M 固定在下面有 3 个足尖 T_1,T_2 和 T_3 的 "T" 形三角支架上,T_1,T_2 和 T_3 这 3 个点构成一个等腰三角形.后足尖 T_3 到前足尖 T_1 和 T_2 连线的垂直距离 b 称为光杠杆的臂长.

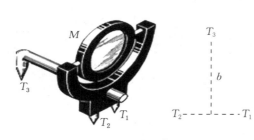

图 2-2　光杠杆

图 2-3 是光杠杆测微小长度变化量的原理图.左侧尺状物为光杠杆,其前足尖 T_1 和 T_2 固定在中托板横槽内,后足尖 T_3 置于钢丝圆柱形套管上,随着被测钢丝的伸长、缩短而下降、上升,从而改变 M 镜法线的方向.当钢丝原长为 L 时,位于图 2-3 右侧的望远镜从 M 镜中看到的读数为 n_0.而钢丝受力伸长后光杠杆镜的位置发生倾斜,此时望远镜上的读数为 n_1.因此,钢丝的微小伸长量 ΔL 对应光杠杆镜的角度变化量 θ,而对应的读数变化则为 $\Delta n = n_1 - n_0$.从图 2-3 中可见,

$$\tan\theta = \frac{\Delta L}{b} \approx \theta,\qquad(2\text{-}3)$$

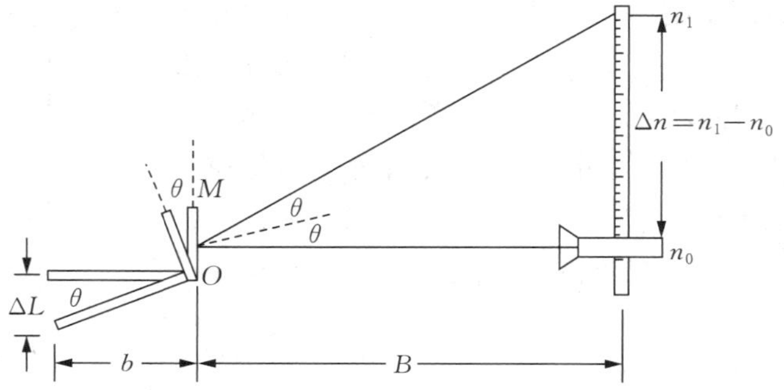

图 2-3　光杠杆放大原理图

$$\tan 2\theta = \frac{\Delta n}{B} \approx 2\theta, \tag{2-4}$$

(2-3)式和(2-4)式联立后得

$$\Delta L = \frac{b}{2B}\Delta n, \tag{2-5}$$

其中,$\Delta n = |n_1 - n_0|$,相当于光杠杆的长臂端位移.由于 $B \gg b$,因此 $\Delta n \gg \Delta L$,从而获得对微小量的线性放大,提高了 ΔL 的测量精度,这被称为光杠杆放大法.

　　3. 测量公式

　　如果钢丝的直径为 D,则钢丝的截面积为

$$S = \pi \frac{D^2}{4}. \tag{2-6}$$

把(2-5)式、(2-6)式代入(2-2)式,可以得到钢丝的杨氏模量为

$$Y = \frac{8FLB}{\pi D^2 b \Delta n}. \tag{2-7}$$

测出 L,D,B,b 各量和一定力 F 作用下的 Δn,即可间接测得金属丝的杨氏模量.

【实验仪器】

　　杨氏模量测定仪、螺旋测微计、钢卷尺和钢板尺.

　　杨氏模量测定仪由测量架、光杠杆反射镜组件和尺读望远镜组件构成,如图 2-4 所示.

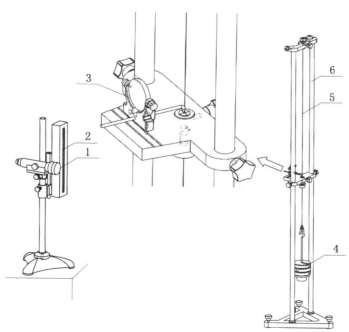

1-望远镜;2-照明标尺;3-光杠杆;4-砝码;5-钢丝;6-测量架

图 2-4　杨氏模量测定仪

【实验内容与步骤】

1. 仪器的调整

(1) 为了使金属丝处于铅直位置,调节杨氏模量测定仪 3 个地脚螺丝,使两支柱铅直.

(2) 在砝码托盘先挂上 1 kg 砝码使金属丝拉直(此砝码不计入所加作用力 F 之内).

(3) 将光杠杆放在中托板上,两前足尖放在中托板横槽内,后足尖放在固定钢丝下端夹套组件的圆柱形套管上,并使光杠杆镜面基本竖直.

2. 望远镜和光杠杆的调节

本实验难度最大和最关键的步骤就是调节望远镜和光杠杆,使得望远镜中能够看清标尺读数,包括以下 5 个环节的调节.

(1) 打开照明标尺的开关,点亮标尺.

(2) 调节望远镜目镜,看清"十"字叉丝,可通过旋转望远镜目镜来完成.

(3) 将尺读望远镜置于距光杠杆镜面约 2 m 处,调节望远镜和标尺零刻度与光杠杆镜面基本等高.

(4) 用"外视法"寻找标尺像.对准光杠杆镜面,沿着望远镜上方对着光杠杆镜面看去,配合调节望远镜的位置倾斜度和光杠杆镜面倾斜角,观察和寻找标尺像.

因为望远镜本身的视场很小,一开始就从望远镜中观察,很可能看不到平面镜反射回来的标尺像,而从望远镜上方对着平面镜看去,视场较大,比较容易观察到标尺像.(如果从望远镜外面看不到标尺像,则从望远镜里面不可能找到标尺像.)因此,一般要先用"外视法"调节.如果从望远镜上方看不到标尺像,可在望远镜的左右旁边寻找.例如,在望远镜的左边能看到标尺像,这时可将望远镜的支架向左移动到眼睛能看到标尺像的位置;反之,支架向右移动.望远镜经过这样左右移动调节以后,若还看不到标尺像,可能是竖直方向上的问题,这时可轻轻转动光杠杆镜面,直到在光杠杆镜面中看到标尺像即可.用"外视法"观察到标尺像后,再用"内视法"从望远镜中边观察边调节物镜的焦距,一般就容易看到标尺像了.

(5) 调节望远镜物镜,看清标尺读数,并结合望远镜下方可调螺钉和光杠杆镜面倾角调节读数至零刻度附近.

3. 测量

(1) 每次加上 1 kg 砝码,读取并记录一次标尺数据(n_0, n_1, n_2, n_3, n_4, n_5, n_6, n_7),这是拉伸力增加的过程.紧接着每次撤掉 1 kg 砝码,读取并记录一次标尺数据(n_7', n_6', n_5', n_4', n_3', n_2', n_1', n_0'),这是拉伸力减小的过程.

(2) 测光杠杆镜面到望远镜附标尺的距离 B.用钢卷尺量出光杠杆镜面到望远镜附标尺的距离.

(3) 用钢卷尺测量钢丝原长 L.

(4) 测量钢丝直径 D.用螺旋测微计在钢丝的不同部位测 5 次,取其平均值.

(5) 测量光杠杆前后足尖的垂直距离 b.用光杠杆的 3 只足尖在白纸上压出凹痕,用尺将两前足尖画出连线,再用钢板尺量出后足尖到该连线的垂直距离.

【注意事项】

（1）平面镜要保持干净.若有灰尘、污迹时,可用擦镜纸擦去,切勿用手指、粗布擦拭,以免影响观察和读数的准确.

（2）调试仪器时,切记要用手托住移动部分.然后旋松锁紧手轮,以免相互撞击.

（3）各手轮及可动部分如发生阻滞不灵现象时,应立即检查原因.切勿强扭,以防损坏仪器.

（4）钢丝的两端一定要夹紧,避免砝码加重后拉脱而砸坏实验装置.

（5）系统调好后,在整个测量过程中不能碰动仪器,包括光杠杆、望远镜及其支架等,读数时手不要握住望远镜筒,以免引起状态的变化,否则需要重新开始测读.

（6）在加减砝码时要轻拿轻放,避免晃动,待稳定之后再进行读数.

【数据记录及处理】

1. 用逐差法处理钢丝伸长量的数据.

表 2-1 钢丝伸长量的数据记录及处理

拉伸力 F/N	标尺读数/cm			$l_j = \bar{n}_{i+4} - \bar{n}_i$	
	拉伸力增加时	拉伸力减小时	$\bar{n}_i = \dfrac{n_i + n_i'}{2}$		
9.80	n_0	n_0'	$\bar{n}_0$	$l_1 = (\bar{n}_4 - \bar{n}_0)$	$\Delta_{仪} = $ _____
19.60	n_1	n_1'	$\bar{n}_1$	$l_2 = (\bar{n}_5 - \bar{n}_1)$	$S_l = \sqrt{\dfrac{\sum(l_i - \bar{l})^2}{n-1}} = $ _____
29.40	n_2	n_2'	$\bar{n}_2$	$l_3 = (\bar{n}_6 - \bar{n}_2)$	
39.20	n_3	n_3'	$\bar{n}_3$	$l_4 = (\bar{n}_7 - \bar{n}_3)$	$\Delta_l = \sqrt{S_l^2 + 2\Delta_{仪}^2} = $ _____
49.00	n_4	n_4'	$\bar{n}_4$	$\bar{l}$	$\dfrac{\Delta_{\Delta n}}{\Delta n} = \dfrac{\Delta_l}{\bar{l}} = $ _____
58.80	n_5	n_5'	$\bar{n}_5$		
68.60	n_6	n_6'	$\bar{n}_6$	$\overline{\Delta n} = \dfrac{\bar{l}}{4}$	
78.40	n_7	n_7'	$\bar{n}_7$		

2. 处理 L,D,B,b 的数据.

表 2-2 L,D,B,b 的数据记录及处理

被测量	次 数					$\bar{x}$	S_x	$\Delta_{r仪}$	Δ_x	$x = \bar{x} \pm \Delta_x$	$E_x = \Delta_r / \bar{x}$
	1	2	3	4	5						
L/cm	—	—	—	—	—	—		0.05			
B/cm	—	—	—	—	—	—		0.05			
D/mm								0.004			
b/cm	—	—	—	—	—	—		0.05			

3. 处理杨氏模量 Y 的测量结果.

$$Y = \frac{8FLB}{\pi \overline{D}^2 b \, \overline{\Delta n}} = \underline{\hspace{4cm}} (\text{N} \cdot \text{m}^{-2});$$

当 $F = 9.80$ N，$\dfrac{\Delta_F}{F} = 0.5\%$ 时，

$$E_Y = \frac{\Delta_Y}{Y} = \sqrt{\left(\frac{\Delta_F}{F}\right)^2 + \left(\frac{\Delta_L}{L}\right)^2 + \left(\frac{\Delta_B}{B}\right)^2 + \left(2\,\frac{\Delta_D}{D}\right)^2 + \left(\frac{\Delta_b}{b}\right)^2 + \left(\frac{\Delta_{\Delta n}}{\Delta n}\right)^2} = \underline{\hspace{2cm}} \%;$$

$$\Delta_Y = E_Y \times Y = \underline{\hspace{2cm}} (\text{N} \cdot \text{m}^{-2});$$

$$\begin{cases} Y = \overline{Y} \pm \Delta_Y = \underline{\hspace{2cm}} (\text{N} \cdot \text{m}^{-2}); \\ E_Y = \dfrac{\Delta_Y}{Y} = \underline{\hspace{2cm}} \%. \end{cases}$$

【思考题】

1. 如果一开始就在望远镜中寻找标尺的像，为什么很难找到？望远镜调节到怎样才算调节好？

2. 光杠杆放大法利用了什么原理？有什么优点？

实验 3　扭摆法测物体转动惯量

在外力作用下,大小和形状都保持不变的物体称为刚体.为描述刚体在转动中的惯性大小,定义转动惯量为

$$J = \sum_i \Delta m_i r_i^2 = \int r^2 \, \mathrm{d}m,$$

其中,Δm_i 为刚体上各个质点的质量,r_i 为各个质点至转轴的距离.由此可见,物体的转动惯量除了与物体质量有关外,还与转轴的位置和质量分布(即形状、大小和密度)有关.对于某些几何形状规则、对称和质量分布均匀的刚体,可以直接利用公式计算出它绕给定轴的转动惯量.而对于形状复杂或质量分布不均匀的物体,理论计算将极为复杂,通常采用实验方法来测定.实验测定刚体的转动惯量对研究物体运动、机械运行、设计工作都具有重要意义.例如,对机械零件、电机转子、发动机叶片、炮弹等,精确测定转动惯量都是十分必要的.实验测量刚体转动惯量的方法很多,有三线摆、扭摆、复摆等.本实验采用扭摆法,通过测量扭摆的摆动周期及其他参数计算物体的转动惯量.

【实验目的】

(1) 熟悉扭摆的构造、使用方法和转动惯量测量仪的使用.

(2) 利用塑料圆柱体和扭摆测定扭摆弹簧的扭转常数 K 和不同形状物体的转动惯量 J.

【实验原理】

1. 扭摆

本实验通过扭摆使物体扭转摆动,测定摆动周期和其他参数,从而计算出刚体的转动惯量.扭摆由垂直轴和薄片状螺旋弹簧组成,螺旋弹簧连接在垂直轴上用以产生回复力矩,垂直轴上方可以装上各种待测物体.垂直轴与支座间装有轴承,使摩擦力矩尽可能降低.将固定在垂直轴上的物体在水平面内转过一角度后,在螺旋弹簧的回复力矩作用下,物体就开始绕垂直轴做往返扭转运动.根据胡克定律,弹簧受扭转而产生的回复力矩 M 与所转过的角度 θ 成正比,即

$$M = -K\theta, \tag{3-1}$$

其中,K 为弹簧的扭转系数.根据转动定律,

$$M = J\alpha, \tag{3-2}$$

其中,J 为转动惯量,α 为角加速度.令 $\omega^2 = K/J$,忽略轴承的摩擦力和空气阻力,则由(3-1)式和(3-2)式可得

$$\frac{\mathrm{d}^2\theta}{\mathrm{d}t^2} + \omega^2\theta = 0. \tag{3-3}$$

(3-3)式表明物体的扭摆运动具有角简谐运动的特性,此方程的解为

$$\theta = A\cos(\omega t + \varphi). \tag{3-4}$$

此简谐振动的周期为

$$T = \frac{2\pi}{\omega} = 2\pi\sqrt{\frac{J}{K}}, \tag{3-5}$$

由此得

$$J = KT^2/4\pi^2. \tag{3-6}$$

所以,只要测得物体扭摆的摆动周期 T,并且转动惯量 J 和 K 中任何一个量可知,即可算出另一个的值.

2. 求扭转系数 K

在本实验中,物体扭摆的摆动周期 T 可由转动惯量实验仪测得.因此,欲测量物体的转动惯量 J,只需确定螺旋弹簧的扭转系数 K 即可.下面讨论如何确定螺旋弹簧的扭转系数 K.

(1) 当仅把金属载物盘固定于螺旋弹簧上方时,根据(3-6)式有

$$J_0 = KT_0^2/4\pi^2, \tag{3-7}$$

其中,J_0 为金属载物盘的转动惯量的实验值,T_0 为仅有金属载物盘时的摆动周期.

(2) 把塑料圆柱体置于金属载物盘上方正中央时,根据(3-6)式有

$$J_0 + J_1' = KT_1^2/4\pi^2, \tag{3-8}$$

其中,$J_0 + J_1'$ 为金属载物盘和塑料圆柱体一起绕垂直轴转动时总的转动惯量的理论值,T_1 为二者一体时的摆动周期.

(3) 把(3-7)式代入(3-8)式中,消去 J_0 得

$$KT_0^2/4\pi^2 + J_1' = KT_1^2/4\pi^2. \tag{3-9}$$

很显然,在(3-9)式中,T_0 和 T_1 均可通过实验容易地测出.仅需给出塑料圆柱体的转动惯量理论值 $J_1' = mD^2/8$(其中,m 为质量,D 为直径),即可求出扭转系数

$$K = \frac{\pi^2}{2} \cdot \frac{mD^2}{T_1^2 - T_0^2}. \tag{3-10}$$

需要强调的是,只有首先确定弹簧的扭转系数 K,并测出其他物体的摆动周期 T_i,才可以利用公式 $J_i = \frac{K\overline{T_i^2}}{4\pi^2} - J_0$ 确定其转动惯量 J_i.在本实验中,确定螺旋弹簧扭转系数 K 是至关重要的一步.

【实验仪器】

FB729 型智能转动惯量实验仪(由扭摆、FB213E 型光电计时仪和几种待测刚体组

成,包括金属载物盘、金属圆筒、实心塑料圆柱体、实心塑料球、金属细杆等,如图 3-1 所示)、天平、砝码、游标卡尺、钢卷尺、高度尺.

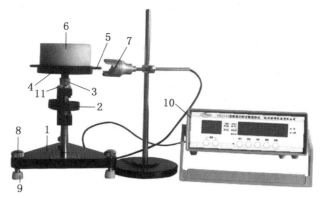

1-底座;2-螺旋形钢制弹簧;3-连接螺栓;4-载物盘;5-挡光杆;6-测试样品;7-光电门;8-底座水平调节螺栓;9-底座机脚;10-数显计时计数毫秒计;11-水准器

图 3-1　FB729 型智能转动惯量实验仪

　　光电计时仪可测出物体的多倍扭摆周期,并计算出扭摆周期 T.使用时,调节光电传感器在固定支架上的高度,使挡光杆自由往返通过光电门,操作时开启电源,挡光杆自由往返通过光电门,光电计时仪自动计数并自动停止,结果显示后再按"开始测量",多次测量后求平均值.光电计时仪的具体使用说明如下.

　　(1) 开机,显示如图 3-2 所示.

　　(2) 可选择摆动和转动功能.本实验选择摆动功能.

　　(3) 调节周期数量.开机周期数量默认为 30 次,触屏可手动输入调节成 10 次.

　　(4) 按开始测量键.当被测物体上挡光杆第一次通过光电门时开始计时,直到周期数等于设定值时停止计时,上面一行显示第一次测量总时间,下面一行"平均"显示的是单个周期的时间.重复上述步骤,可进行多次测量.

　　(5) 按数据查询键可知每次测量时单个周期的时间.

　　(6) 按返回键,系统无条件回到最初状态,清除所有执行数据.

图 3-2　FB213E 型多功能计时计数仪

【实验内容与步骤】

　　1. 用游标卡尺、钢卷尺和高度尺分别测定物体外形尺寸,用天平称出相应质量,填入数据表.

2. 根据扭摆基座上的水准仪气泡调整扭摆底座螺钉,使顶面水平、气泡居中.

3. 将金属载物盘卡紧在扭摆垂直轴上,调整挡光杆位置,测其摆动周期 T_0 3 次,并记录于表中.

4. 将塑料圆柱体放在载物盘上,测出摆动周期 T_0 3 次,并记录于表中.

5. 取下塑料圆柱体,在载物盘上放上金属圆筒,测出摆动周期 T_2 3 次,并记录于表中.

6. 取下载物盘,测定塑料球及支架的摆动周期 T_3 3 次,并记录于表中.

7. 取下塑料球,将金属细杆和支架中心固定,测定其摆动周期 T_4 3 次,并记录于表中.

8. 做完实验后,整理实验仪器,处理数据,完成实验报告.

【注意事项】

(1) 扭摆基座应保持水平状态,可以通过调节扭摆基座地脚螺丝使水准仪气泡居中.

(2) 光电探头宜放置在挡光杆的平衡位置处,挡光杆不能与光电探头接触,以免增加摩擦力矩.

(3) 在安装待测物体时,其支架必须全部套入扭摆的主轴,并且将止动螺丝旋紧,否则扭摆不能正常工作.

(4) 弹簧的扭转常数 K 不是固定的常数,它与摆角大小有关,摆角在 $30°\sim90°$ 时扭转常数 K 基本相同.为了减少实验的系统误差,在测定各种物体的摆动周期时,摆角应基本保持在同一个范围内.

(5) 称取金属细杆与塑料球质量时,必须取下支架.如支架拆卸困难,可称量总质量后再减去支架的质量.

【数据记录及处理】

1. 由载物盘转动惯量 $J_0 = KT_0^2/4\pi^2$、塑料圆柱体的转动惯量理论值 $J_1' = mD^2/8$ 及塑料圆柱体放在载物盘上总的转动惯量 $J_0 + J_1' = KT_1^2/4\pi^2$,计算扭转常数.

$$K = \frac{\pi^2}{2} \cdot \frac{m\overline{D}^2}{\overline{T_1^2} - \overline{T_0^2}} = \underline{\qquad} (\text{N} \cdot \text{m}).$$

2. 计算各种物体的转动惯量,并与理论值进行比较,求出百分误差.

表 3-1 转动惯量的数据记录及处理

物体名称	质量/kg	几何尺寸/(10^{-2}m)	周期/s		转动惯量理论值/$(10^{-4} \text{kg} \cdot \text{m}^2)$	转动惯量实验值/$(10^{-4} \text{kg} \cdot \text{m}^2)$	百分误差
金属载物盘	—	—	T_0		—	$J_0 = \dfrac{J_1'\overline{T_0^2}}{\overline{T_1^2} - \overline{T_0^2}}$ $=\underline{\qquad}$	—
			$\overline{T_0}$				

续表

物体名称	质量/kg	几何尺寸/(10^{-2} m)		周期/s		转动惯量理论值/(10^{-4} kg·m²)	转动惯量实验值/(10^{-4} kg·m²)	百分误差
塑料圆柱		D		T_1		$J_1' = \dfrac{1}{8} m \overline{D}^2$ $=\underline{\qquad}$	$J_1 = \dfrac{K \overline{T}_1^2}{4\pi^2} - J_0$ $=\underline{\qquad}$	—
		$\overline{D}$		$\overline{T}_1$				
金属圆筒		$D_外$						
		$\overline{D}_外$		T_2		$J_2' = \dfrac{1}{8} m (\overline{D}_外^2 + \overline{D}_内^2)$ $=\underline{\qquad}$	$J_2 = \dfrac{K \overline{T}_2^2}{4\pi^2} - J_0$ $=\underline{\qquad}$	__%
		$D_内$						
		$\overline{D}_内$		$\overline{T}_2$				
球		D		T_3		$J_3' = \dfrac{1}{10} m \overline{D}^2$ $=\underline{\qquad}$	$J_3 = \dfrac{K \overline{T}_3^2}{4\pi^2} - J_0'$ $=\underline{\qquad}$	__%
		$\overline{D}$		$\overline{T}_3$				
金属细杆		L		T_4		$J_4' = \dfrac{1}{12} m L^2$ $=\underline{\qquad}$	$J_4 = \dfrac{K \overline{T}_4^2}{4\pi^2} - J_0''$ $=\underline{\qquad}$	__%
				$\overline{T}_4$				

已知:球支座的转动惯量实验值 $J_0' = 0.179 \times 10^{-4}$ kg·m²,细杆支架的转动惯量实验值 $J_0'' = 0.232 \times 10^{-4}$ kg·m².

【思考题】

1. 物体的转动惯量与哪些因素有关?

2. 摆角的大小是否会影响摆动周期?在实验过程中要进行多次重复测量,对摆角应如何处理?

实验 4　空气绝热系数的测量

气体的绝热系数又称气体比热容比,是气体的定压比热容与定容比热容的比值.比热容和比热容比是物质的重要参数,在研究物质结构、确定相变、鉴定物质纯度等方面起着重要的作用.本实验将介绍一种较新颖的测量气体比热容比的方法.

【实验目的】

(1) 学习用绝热膨胀法测定空气的绝热系数 γ 值.
(2) 掌握光电计时器和微型气泵的使用方法.

【实验原理】

若 1 mol 气体在等压过程中吸收热量 dQ_P,温度升高 dT,气体的摩尔定压比热容 $C_{p,m}$ 定义为

$$C_{p,m} = \frac{dQ_p}{dT}. \tag{4-1}$$

若 1 mol 气体在等体过程中吸收热量 dQ_V,温度升高 dT,气体的摩尔定容比热容 $C_{V,m}$ 定义为

$$C_{V,m} = \frac{dQ_V}{dT}. \tag{4-2}$$

气体的摩尔定压比热容 $C_{p,m}$ 与摩尔定容比热容 $C_{V,m}$ 之比为

$$\gamma = \frac{C_{p,m}}{C_{V,m}}, \tag{4-3}$$

称为气体的绝热系数.

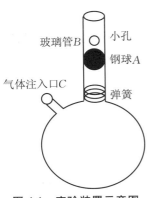

图 4-1　实验装置示意图

在热力学过程中,特别是在绝热过程中,γ 是一个很重要的参数,测定的方法有很多种.本实验采用一种较为新颖的方法,通过测定物体在特定容器中的振动周期来计算 γ 值.实验装置如图 4-1 所示,振动小球 A 的直径比玻璃管 B 的直径仅仅小 $0.01 \sim 0.02$ mm,它能在玻璃管中上下移动.在储气瓶的壁上有一气体注入口 C,连接的细管可以将各种气体注入储气瓶中.

钢球 A 的质量为 m,半径为 r(直径为 d),当瓶内压强满足 $p = p_0 + \dfrac{mg}{\pi r^2}$ 条件时,钢球处于受力平衡状态,式中 p_0 为大气压强.为了补偿阻尼振动导致钢球振幅的衰减,通过气体注

入口 C 持续注入一个小气压的气流,并在玻璃管的中央开设一个小孔.当振动钢球处于小孔下方的半个振动周期时,注入气体使储气瓶内压力增大,引起振动钢球向上移动,而当振动钢球处于小孔上方的半个振动周期时,容器内的气体将通过小孔流出,使储气瓶内压力减小,从而使振动钢球下沉.重复上述过程,只要适当控制注入气体的流量,振动钢球就能在玻璃管的小孔上下做简谐振动,振动周期可利用光电计时装置来测得.

若物体偏离平衡位置一个较小距离 x,则容器内的压强变化为 $\mathrm{d}p$,物体的运动方程为

$$m \frac{\mathrm{d}^2 x}{\mathrm{d}t^2} = \pi r^2 \mathrm{d}p. \tag{4-4}$$

因为物体振动相当快,此过程可以看作绝热过程,绝热方程为

$$pV^\gamma = 常数. \tag{4-5}$$

将(4-5)式求导可得

$$\mathrm{d}p = -\frac{p\gamma \mathrm{d}V}{V}, \quad \mathrm{d}V = \pi r^2 \mathrm{d}x. \tag{4-6}$$

将(4-6)式代入(4-4)式得

$$\frac{\mathrm{d}^2 x}{\mathrm{d}t^2} + \frac{\pi^2 r^4 p\gamma}{mV} \mathrm{d}x = 0, \tag{4-7}$$

此式即为简谐振动的动力学方程,它的解为

$$x = A\cos(\omega t + \varphi), \tag{4-8}$$

其中,角频率

$$\omega = \sqrt{\frac{\pi^2 r^4 p\gamma}{mV}} = \frac{2\pi}{T}, \tag{4-9}$$

即可得气体的比热容比

$$\gamma = \frac{4\,mV}{T^2 pr^4} = \frac{64\,mV}{T^2 pd^4}, \tag{4-10}$$

上式中各量均可方便测得,因而可求得 γ 值.

由气体动理论可知,γ 值与气体分子的自由度有关.单原子气体(如氩气)只有 3 个平均自由度,双原子气体(如氢气)除 3 个平均自由度外还有 2 个转动自由度.多原子气体则具有 3 个转动自由度,比热容比 γ 与自由度 f 的关系为 $\gamma = \frac{f+2}{f}$.根据理论公式可以得到不同自由度理想气体的比热容比理论值,该数据与测试环境温度无关.

单原子气体(Ar,He),$f=3$,$\gamma=1.67$;

双原子气体(N_2,H_2,O_2),$f=5$,$\gamma=1.40$;

多原子气体(CO_2,CH_4),$f=6$,$\gamma=1.33$.

本实验装置主要由玻璃制成,而且对玻璃管(钢球简谐振动腔)的要求特别高.振动物体不锈钢球的直径约为 14.00 mm,仅比玻璃管内径小约 0.01 mm,玻璃管内壁有灰尘微粒都可能引起不锈钢球不能正常振动,不锈钢球表面不允许擦伤,管内必须保持洁净.不锈钢球静止时停留在玻璃管的下方(用弹簧托住).若要将其取出,只需在它振动时,用手

指将玻璃管壁上的小孔堵住,稍稍加大气体流量,不锈钢球便会上浮到玻璃管上方开口处,可以用手方便地取出,也可以将玻璃管从储气瓶Ⅱ上取下,将不锈钢球倒出.

振动周期采用可预置测量次数的数字计时仪,重复多次测量获得.振动物体直径用螺旋测微计测出,质量用电子天平称量,储气瓶Ⅱ容积由实验室给出,气压为

$$p = p_0 + \frac{mg}{\pi r^2} \approx p_0 \left(\text{因为 } p_0 \gg \frac{mg}{\pi r^2} \right),$$

大气压强 p_0 由气压表自行读出.由于本实验物体振动过程近似看作绝热过程,并不是理想的绝热过程,小球的振动周期会变长,实验测得的 γ 值比实际值要小.

【实验仪器】

FB212 型气体比热容比测定仪 1 套,其结构和连接方式如图 4-2 所示.

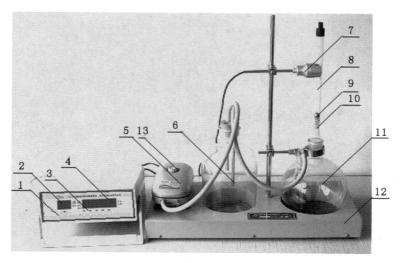

1-周期数设置;2-周期数显示;3-复位及执行键;4-计时显示;5-空压机;6-储气瓶Ⅰ;7-光电门;8-钢球简谐振动腔;9-不锈钢球;10-小弹簧;11-储气瓶Ⅱ;12-仪器底座;13-气压调节器

图 4-2　FB212 型气体比热容比测定仪

【实验内容与步骤】

1. 实验仪器的调整

(1) 将气泵、储气瓶用橡皮管连接好,装有钢球的玻璃管插入球形储气瓶.将光电接收装置利用方形连接块固定在立杆上,固定于空心玻璃管的小孔附近.但此时要注意把气泵的调节开关按逆时针方向调小一些,避免气压太大把钢球冲出.

(2) 接通气泵电源,缓慢调节气泵的调节旋钮一段时间,待储气瓶内注入一定压力的气体后,玻璃管中的钢球浮起离开弹簧,向玻璃管上方移动,此时适当调节进气大小,使钢球在玻璃管中以小孔为中心上下振动,即维持简谐振动状态.

2. 振动周期测量

接通 FB212 型数显计数计时毫秒仪的电源,把光电接收装置与毫秒仪连接.打开毫秒

仪电源开关,预置测量次数为 50 次(可根据实验需要从 1~99 次中任意设置).在设置计数次数时,可分别按"置数"键的十位或个位按钮进行调节,设置完成后可自动保持(直到再次改变设置为止).在钢球正常振动的情况下,按"执行"键,毫秒仪即开始计时;每计量 1 个周期,周期显示逐 1 递减,直到递减为零时,计时结束,毫秒仪显示出累计 50 个周期的时间.重复以上测量 5 次,将数据填入表 4-1 中.

　　3. 其他物理量的测量

从水银气压计读取实验室的大气压强 p_0,从仪器标注读取储气瓶Ⅱ的体积 V,将数值填入表 4-2 中.用螺旋测微计和电子天平分别测出钢球的直径 d 和质量 m,其中直径重复测量 5 次,质量只测 1 次,将数据填入表 4-3 中.

【注意事项】

　　(1)为确保小球做简谐振动,必须尽量使玻璃管竖直,从而减小小球和玻璃管内壁之间的摩擦力.

　　(2)为确保小球不从玻璃管内冲出而损坏实验仪器,请在打开电源前先将空气泵调至通气速率最小,然后根据实验需要细心调节空气泵.

　　(3)在装有钢球的玻璃管上端有一黑色护套,防止实验时气流过大,导致钢球冲出.如需测量钢球的质量和直径,应先拔出护套,等测量完毕钢球放入后,仍需套上护套.

【数据记录及处理】

　　1. 测量钢球振动周期 $\overline{T}$,并计算其不确定度,周期数 $N=$ _____ 次.

表 4-1　钢球振动周期的数据记录及处理

次数	1	2	3	4	5	平均值	$\Delta_r = \sqrt{\dfrac{\sum(x_i-\overline{x})^2}{n-1}}$
N 个周期时间 t/s						—	
1 个周期 T/s							

　　2. 读取大气压强 p_0 和储气瓶体积 V.

表 4-2　大气压强和储气瓶体积的数据记录及处理

大气压强 $p_0=$ _____ Pa	储气瓶Ⅱ的体积 $V=$ _____ mL$(10^{-6}\ m^3)$

　　3. 测量钢球直径 d 和质量 m,并计算其不确定度.

表 4-3　钢球质量、直径的数据记录及处理

次数	1	2	3	4	5	平均值	$S_x = \sqrt{\dfrac{\sum(x_i-\overline{x})^2}{(n-1)}}$	$\Delta_{仪}$	Δ_r
直径 $d/10^{-3}$ m									
质量 $m/10^{-3}$ kg						—			

4. 在忽略储气瓶 Ⅱ 的体积 V 和大气压强 p_0 的测量误差情况下,估算空气的绝热系数及其不确定度.

$$\bar{\gamma} = \frac{64\, m V}{T^2\, p_0\, \bar{d}^4} = \underline{\hspace{3cm}};$$

$$E_\gamma = \frac{\Delta_\gamma}{\bar{\gamma}} = \sqrt{\left(\frac{\Delta_m}{m}\right) + \left(2\,\frac{\Delta_T}{T}\right)^2 + \left(4\,\frac{\Delta_d}{d}\right)^2} = \underline{\hspace{3cm}}\%;$$

$$\Delta_\gamma = E_\gamma\, \bar{\gamma} = \underline{\hspace{3cm}};$$

$$\gamma = \bar{\gamma} \pm \Delta_\gamma = \underline{\hspace{3cm}}.$$

【思考题】

1. 注入气体流量的多少对小球的运动是否有影响? 通过实验进行分析和说明.

2. 在实际问题中,物体振动过程并不是理想的绝热过程,这时测得的值比实际值大还是小? 为什么?

实验 5 拉脱法测液体表面张力系数

液体内部每一个分子被其他液体分子所包围，所受到的作用力合力为零.液体表层厚度约 $10^{-10}\,\mathrm{m}$ 内的分子所处的条件与液体内部不同.由于液体表面上方接触的气体分子的密度远小于液体分子密度，因此，液面层每一个分子受到向外的引力比向内的引力要小得多，也就是说，所受的合力不为零，力的方向是垂直于液面并指向液体内部，该力使液体表面收缩，直至达到动态平衡.在宏观上，液体具有尽量缩小其表面积的趋势，液体表面像一张拉紧的橡皮膜.这种沿着液体表面并指向液体内部，收缩液体表面的力称为表面张力.

表面张力是液体表面的重要特性，类似于固体内部的拉伸应力.液体表面张力能说明液体的许多现象，如毛细管现象、针和硬币可以浮在水面上、杯子的水超过杯子上沿但不溢出、某些昆虫可以在水面上行走等.在工农业生产和科学研究中经常要涉及液体的表面张力，如农药的喷撒要考虑其表面张力大小，化工生产中液体的传输过程、药物制备过程及生物工程研究领域中关于动植物体内液体的运动与平衡等问题.因此，了解液体表面性质和现象，掌握测定液体表面张力系数的方法具有重要的意义.测定液体表面张力系数的方法通常有拉脱法、毛细管升高法和液滴测重法等，本实验介绍拉脱法.

【实验目的】

（1）了解液体表面张力系数测定仪的基本结构，掌握用标准砝码对测定仪进行定标的方法，计算该传感器的灵敏度.

（2）用拉脱法观察呈现液体表面张力的物理现象和过程，并用物理学基本概念和定律进行分析和研究，加深对物理规律的认识.

（3）掌握用拉脱法测定纯水的表面张力系数和用逐差法处理数据.

【实验原理】

将一洁净的圆筒形吊环浸入液体中，然后缓慢地提起吊环，圆筒形吊环将带起一层液膜，如图 5-1 所示.此时，使液面收缩的表面张力 f 沿液面的切线方向并指向液体内部，f 与竖直方向的夹角 φ 称为湿润角（或接触角）.当继续向上提起吊环时，φ 角将逐渐变小，直至液膜破裂的瞬间趋于零.在液膜破裂的瞬间，内、外两个液膜的表面张力 f 均竖直向下，此时向上的拉力为 F，则有

$$F=(m+m_0)g+2f, \tag{5-1}$$

其中，m 为黏附在吊环上的液体的质量，m_0 为吊环质量.因为表面张力的大小与接触面边界长度成正比，则有

$$2f=\alpha L, \tag{5-2}$$

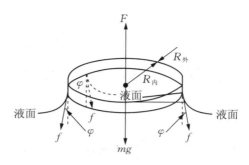

图 5-1   图形吊环从液面缓慢拉起的受力示意图

比例系数 α 称为表面张力系数,单位是 N/m. α 在数值上等于单位长度的表面张力.(5-2)式中 L 为圆筒形吊环内、外周长之和,即

$$L = \pi(D_{内} + D_{外}). \tag{5-3}$$

由(5-1)式、(5-2)式和(5-3)式可得

$$\alpha = \frac{F - (m + m_0)g}{\pi(D_{内} + D_{外})}. \tag{5-4}$$

由于吊环很薄,被拉起的液膜也很薄,m 很小,可以忽略,于是(5-4)式简化为

$$\alpha = \frac{F - m_0 g}{\pi(D_{内} + D_{外})}. \tag{5-5}$$

液体表面张力系数 α 与液体的种类、纯度、温度和表面上方的气体成分有关.实验表明,液体的温度越高,α 值越小,所含杂质越多,α 值也越小.只要上述条件保持一定,α 值将是一个常数.本实验的核心部分是准确测定 $F - m_0 g$,即圆筒形吊环所受到向下的表面张力.

实验采用 FB326 型液体表面张力系数测定仪测定表面张力,测定仪上的力敏传感器将力 F 转化为电压 U,通过数字毫伏表显示出来.因此,必须先确定力敏传感器的转换系数 K,力与电压的关系式为

$$F = KU. \tag{5-6}$$

只要读出数字毫伏表的数值 U,就可以根据(5-6)式确定传感器所受拉力 F 的值.在测定液体表面张力系数的过程中,分别记录吊环拉脱液面瞬间和拉脱液面之后数字毫伏表的电压值 U_1 和 U_2. $U = U_1 - U_2$ 为液体表面张力 $2f$ 所对应的电压值,表面张力有

$$2f = K(U_1 - U_2) = KU. \tag{5-7}$$

因此,液体表面张力系数 α 为

$$\alpha = \frac{2f}{L} = \frac{KU}{L}. \tag{5-8}$$

【实验仪器】

FB326 型液体表面张力系数测定仪如图 5-2 所示,主要部件包括底座、立柱、传感器

固定支架、压阻力敏传感器、数字毫伏表、有机玻璃连通器、升降台、标准砝码(砝码盘)、圆筒形吊环.

图 5-2　FB326 型液体表面张力系数测定仪

【实验内容与步骤】

1. 开机预热

清洗有机玻璃器皿和吊环,在有机玻璃连通器内放入被测液体(**不能使用乙醇等对有机玻璃器皿有损害的溶剂**),本实验被测液体为饮用纯净水.连接测定仪两根电缆,打开电源开关预热 15 min.

2. 对力敏传感器定标

若整机已预热 15 min 以上,可对力敏传感器定标.按下数字毫伏表面板上的测量方式切换按钮,使之弹出(按钮指示绿灯不亮).将砝码盘挂在力敏传感器的挂钩上,在加砝码前应首先读取电子天平的初读数 U_0,然后每加一个 500 mg 砝码,读取一个相应的电压值,并记录于表 5-1 中的增重读数列.然后依次拿掉砝码,每减少一个 500 mg 砝码,读取一个相应的电压值,记录于表 5-1 中的减重读数列.在实验中,注意加减砝码时要轻拿轻放.用逐差法求力敏传感器的转换系数 K.

3. 测吊环内外周长

用游标卡尺测定吊环的内外直径,共测量 5 次,将数据记录到表 5-2 中,计算吊环内、外周长和 L,并取平均值.

4. 测定液体的表面张力

将吊环挂在力敏传感器的挂钩上,调节固定力敏传感器悬臂的高度到合适位置,按逆时针方向转动活塞调节旋钮,使液体液面上升.当吊环下沿接近液面时,仔细调节吊环的悬挂线,使吊环下沿所在表面水平,然后将吊环部分浸入液体中.此时按下数字毫伏表面板上的测量方式切换按钮(指示绿灯亮),仪器功能转为峰值测量.接着缓慢地顺时针转动活塞调节旋钮,此时液面逐渐下降(相对而言即吊环向上提拉),观察吊环浸入液体以及从液体中拉起时的物理过程和现象.当吊环拉断液面的一瞬间,数字毫伏表数值显示为拉力峰值 U_1 并自动保持该数据,此时 U_1 对应液体表面张力最大值和吊环重力.拉断后,弹起按钮开关,绿灯灭,此时数字毫伏表恢复普通测量功能.在吊环静止后,其读数值为 U_2,其对应于吊环的重力.记下这两个数值,重复测量 5 次,将数据记录在表 5-3 中,并求平均值.

5. 计算表面张力系数

根据测量所得的力敏传感器的转换系数 K、吊环内外周长 L 和表面张力对应的电压值 U,代入(5-8)式计算表面张力系数.从公用温度计读出室温,代入经验公式计算表面张力系数的理论值,并计算相对误差.

【注意事项】

(1) 不能使用乙醇等对有机玻璃器皿有损害的溶剂.

(2) 增加和减少砝码时动作要应尽量轻、巧.

(3) 尽量使吊环的下沿与有机玻璃器皿中的液面平行.

(4) 测量吊环内外半径时,应在吊环内、外表面不同的位置测量.

(5) 完成实验后,必须整理实验配件.

【数据记录及处理】

1. 对力敏传感器进行定标,用逐差法求转换系数 K.

表 5-1　转换系数 K 的数据记录及处理

砝码质量/ 10^{-6} kg	增重读数 U_i'/mV	减重读数 U_i''/mV	$U_i = \dfrac{U_i' + U_i''}{2}$/mV	$\Delta U_i = \dfrac{1}{4}(U_{i+4} - U_i)$/mV
0.00				
500.00				$\Delta U_1 = \dfrac{1}{4}(U_4 - U_0) = \underline{\hspace{2cm}}$
1 000.00				
1 500.00				$\Delta U_2 = \dfrac{1}{4}(U_5 - U_1) = \underline{\hspace{2cm}}$
2 000.00				
2 500.00				$\Delta U_3 = \dfrac{1}{4}(U_6 - U_2) = \underline{\hspace{2cm}}$
3 000.00				
3 500.00				$\Delta U_4 = \dfrac{1}{4}(U_7 - U_3) = \underline{\hspace{2cm}}$

(1) 计算每 500.00 mg 砝码对应的电子秤电压读数的改变 $\overline{\Delta U}$,

$$\overline{\Delta U} = \frac{1}{4}(\Delta U_1 + \Delta U_2 + \Delta U_3 + \Delta U_4) = \underline{\hspace{3cm}} \text{(mV)}.$$

(2) 计算力敏传感器转换系数 K,

$$K = \frac{mg}{\overline{\Delta U}} = \underline{\hspace{2.5cm}} \text{(N/mV)} \quad (m = 500.00 \text{ mg} = 5.000\ 0 \times 10^{-4} \text{ kg}, \ g = 9.793 \text{ m/s}^2).$$

2. 测量吊环的内外直径,计算内外周长和 $\overline{L}$.

表 5-2　吊环内外直径的数据记录及处理

测量次数	1	2	3	4	5	平均值
内径 $D_{内}$/mm						
外径 $D_{外}$/mm						

吊环与液体接触面的内外周长和 $\overline{L}$ 为

$\overline{L}=\pi\cdot(\overline{D}_{内}+\overline{D}_{外})=$ _____ (m).

3. 用拉脱法测量表面张力对应的数字毫伏表电压值 $\overline{U}$.

表 5-3　数字毫伏表电压值 $\overline{U}$ 数据记录及处理

室温(水温)$t_0=$ _____ ℃

测量次数	拉脱时最大读数 U_1/mV	吊环读数 U_2/mV	表面张力对应读数 $U=U_1-U_2$/mV
1			
2			
3			
4			
5			
平均值	—	—	$\overline{U}=$ _____

4. 计算液体的表面张力系数.

$\alpha=\dfrac{K\overline{U}}{\overline{L}}=$ _____ (N/m).

5. 根据哈金斯(Harkins)经验公式计算被测液体的表面张力系数理论值,并将实验值与理论值进行比较,计算表面张力系数的相对误差.

$\alpha_0=(75.976-0.145t-0.000\,24t^2)\times10^{-3}=$ _____ (N/m)(t 为被测液体的摄氏温度),

$E=\dfrac{\alpha-\alpha_0}{\alpha_0}\times100\%=$ _____ %.

【思考题】

1. 什么叫表面张力? 表面张力系数与哪些因素有关?

2. 用拉脱法测量液体表面张力系数时,测量结果是偏大还是偏小? 为什么?

实验 6　声速测量

　　声波是一种在弹性媒质中传播的机械波,属于纵波,其振动的方向和传播方向平行.按照声波频率大小进行划分,频率小于 20 Hz 的声波称为次声波;频率为 20 Hz~20 kHz 的声波可以被人听到,称为可闻声波;频率大于 20 kHz 的声波称为超声波.声波在介质中的传播速度与介质的特性及状态因素有关.通过介质中声速的测定,可以了解媒质的特性或状态变化.例如,测量氯气(气体)和蔗糖(溶液)的浓度、测定氯丁橡胶乳液的密度等,都可以通过测定声波在这些物质中的传播速度来解决.可见声速测定在工农业生产中具有一定的实用意义.本实验采用压电陶瓷换能器来测定超声波在空气中的传播速度.

【实验目的】

　　(1) 了解声波在空气中的传播速度与气体状态参量的关系.
　　(2) 了解超声波产生、传播和接收的原理.
　　(3) 学习用相位法测量超声波在空气中传播速度的方法和思想.

【实验原理】

　　声波的传播速度 v、波长 λ 和频率 f 之间的关系为

$$v = \lambda f. \tag{6-1}$$

实验中可通过测定声波的波长 λ 和频率 f 来求得声速 v.在本实验中,超声波的频率可以从信号发生器中直接读取,超声波的波长用相位法测量.

　　1. 压电换能器

　　要将声波这一非电量用电的方法进行测量,就必须用到声电转换仪器.本实验是用压电换能器来实现超声波的发射和接收.压电陶瓷超声波换能器由压电陶瓷片和轻重两种金属组成.压电陶瓷片(如钛酸钡、锆钡酸铅)由一种多晶结构的压电材料组成,在一定温度下经极化处理后,具有压电转换效应,即:受到与极化方向一致的应力 T 时,在极化方向产生一定的电场强度 E,且有线性关系 $E = gT$,将力转换为电,称为正压电效应;反之,与极化方向一致的外加电压 U 加在材料上时,材料的伸缩形变 S 与 U 也有线性关系 $S = dU$,将电转换为力,称为逆压电效应.其中,g 为比例系数,d 为压电常数,均与材料的性质有关.由于 E 与 T、S 与 U 间有简单的线性关系,因此可以利用压电换能器的逆压电效应,将一定频率范围的正弦交流电信号变成压电材料纵向的周期伸缩,从而产生超声波;同样可利用它的正压电效应,将声压的变化转换为电压的变化,用电学仪器来接收并显示信号.

　　压电换能器的结构如图 6-1 所示.头部用轻金属做成喇叭形,尾部用重金属做成锥形

或柱形,中部为压电陶瓷圆环,螺钉穿过环的中心.这种结构增大了辐射面积,增强了耦合作用.由于振子是以纵向长度的伸缩直接影响头部轻金属,做同样的纵向长度的伸缩振动(对尾部重金属作用小),同时由于波长短(为几毫米),比发射端面直径小很多,因此可以近似地认为在离发射端面稍远处的声波是平面波,这样所发射的波方向性强、平面性好.

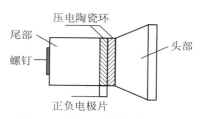

图 6-1 压电换能器结构示意图

本实验中的压电陶瓷晶片的固有频率约为 37 kHz,当外加正弦交流电压信号的频率调节到约 37 kHz 时,传感器发生共振,输出的超声波能量最大.在 37 kHz 附近微调外加电信号的频率,当接收传感器输出的电信号幅度达到最大时,可以判断电信号与发射传感器已达到共振.

2. 相位比较法

沿着波的传播方向,任何两个相位差为 2π 的整数倍的位置之间的距离等于波长的整数倍,即 $l = n\lambda$(n 为正整数).沿传播方向移动接收器,总可以找到一个位置,使得接收器的信号与发射器的激励信号同相.继续移动接收器,接收的信号再一次和发射器的激励信号同相时,移动的这段距离必然等于超声波的波长.

为了判断相位差,可根据两个相互垂直的简谐振动的合成得到的李萨如图形来测定.将正弦电压信号加在发射器上,同时接入示波器的 X 输入端,将接收器接收到的电振动信号接到示波器的 Y 输入端.

根据振动和波的理论,设发射器 S_1 处的声振动方程为

$$y_1 = A_1 \cos(\omega t + \varphi_1). \tag{6-2}$$

若声波在空气中的波长为 λ,则声波沿波线传到接收器 S_2 处的声振动方程为

$$y_2 = A_2 \cos(\omega t + \varphi_2) = A_2 \cos\left[\omega t + \varphi_1 - \frac{2\pi(x_2 - x_1)}{\lambda}\right]. \tag{6-3}$$

S_1 和 S_2 处的声振动的相位差为

$$\Delta\varphi = \varphi_2 - \varphi_1 = -\frac{2\pi(x_2 - x_1)}{\lambda}, \tag{6-4}$$

负号表示 S_2 处的相位比 S_1 处落后,其值决定于发射器与接收器之间的距离 $(x_2 - x_1)$.

示波器 Y 轴和 X 轴的输入信号是两个频率相同、有一定相位差的正弦波,而荧光屏上光点的运动则是频率相同、振动方向相互垂直的两个简谐振动的合运动,合运动的轨迹方程为

$$\frac{x^2}{A_1^2} + \frac{y^2}{A_2^2} - \frac{2xy}{A_1 A_2}\cos(\varphi_1 - \varphi_2) = \sin^2(\varphi_2 - \varphi_1). \tag{6-5}$$

该方程是椭圆方程,椭圆的图形由相位差决定.

图 6-2 给出相位差从 0 到 2π 之间几个特殊值的图形.假如初始时图形如图 6-2(a)所示,接收器移动距离为半波长($\lambda/2$)时,图形变化如图 6-2(c)所示;接收器移动距离为一个

波长(λ)时,图形变化如图 6-2(e)所示.通过对李萨如图形的观测,就能确定声波的波长.在两个信号同相或反相时呈斜直线,由此判断相位差的大小,其优点是由斜直线情况判断相位差最为敏锐.

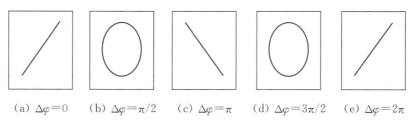

(a) $\Delta\varphi=0$ (b) $\Delta\varphi=\pi/2$ (c) $\Delta\varphi=\pi$ (d) $\Delta\varphi=3\pi/2$ (e) $\Delta\varphi=2\pi$

图 6-2 同频率垂直振动合成的李萨如图形

声速的理论值可由下式决定:

$$v_t=\sqrt{\frac{\gamma RT}{\mu}} , \tag{6-6}$$

其中,γ 为空气定压比热容与定容比热容之比,R 为摩尔气体常数,μ 为气体的摩尔质量,T 为热力学绝对温度.在 0 ℃时,声速 $v_0=331.45\ \mathrm{m\cdot s^{-1}}$,显然在 t ℃时声速的理论计算公式应为

$$v_t=v_0\sqrt{\frac{T}{273.15}}=331.45\sqrt{1+\frac{t}{273.15}}. \tag{6-7}$$

【实验仪器】

SV-4 型声速测定仪、SV-DDS 型声速测量专用信号源、DS2072A 型数字示波器、专用连接线、温度计等.

1. 声速测定仪

如图 6-3(a)所示,声速测定仪由发射器、接收器、游标卡尺和手轮组成.当一正弦电压信号加在发射器上时,由于压电晶片的逆压电效应,产生机械振动,发生超声波.可移动的接收器利用压电晶片的压电效应,将接收的声振动转化为电振动信号输至示波器.转动手轮可移动接收器,接收器的位置由声速测定仪上的游标卡尺确定.

(a) SV-4 型声速测定仪   (b) SV-DDS 型声速测量专用信号源

图 6-3 声速测量的信号源和测定仪

2. SV-DDS 专用信号源

如图 6-3(b)所示,SV-DDS 专用信号源是一种多功能信号发生器,操作简单.调节频

率时,只要快速点击屏幕上需调整的数字位,或者向内按下"频率调节"旋钮,选择调节方式("粗调"或"细调"),再旋转"频率调节"旋钮便可调节频率.

3. DS2072A 型数字示波器

有关内容参见"实验 13　示波器的原理和使用".

【实验内容与步骤】

1. 声速测量系统的连接

将专用信号源"换能器接口"的"发射 S_1"端与声速测定仪"发射"端连接,声速测定仪"接收"端与示波器"CH2"输入端连接.将专用信号源"波形接口"的"发射"端与示波器"CH1"输入端连接.连接线路如图 6-4 所示.

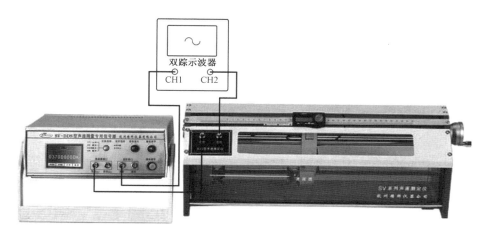

图 6-4　相位法测量声速线路连接方法

2. 调节共振频率

开启示波器和专用信号源,调节专用信号源上的"幅度调节"旋钮,使其输出电压在 $20\,V_{PP}$ 左右,示波器置于"Y-T"档.在频率 37 kHz 附近(34.5～39.5 kHz)调节专用信号源频率,观察示波器 CH2 通道显示的接收波形的电压幅度变化.当接收波形电压幅度最大时,记录此频率(即共振频率 f).

3. 调节李萨如图形

点击示波器的"MENU"、"时基"键,将示波器的显示状态设为"X-Y"模式,将出现李萨如图形.适当调节示波器水平、垂直控制等键,尽可能使李萨如图形显示合理.

4. 测量波长

移动接收器使它靠近发射器,二者之间距离适宜,然后缓慢向外移动接收器,直至示波器上的李萨如图形呈现一条斜直线,记下此时接收器的位置 x_0.继续缓慢向外移动,直至示波器上再次呈现取向不同的斜直线,记下位置 x_1.连续测出 x_0, x_1, x_2, …, x_9 10 个数据.

5. 记录温度

在温度计上读出当时的室温,计算该温度下的声速理论值.

6. 计算实验结果

用逐差法计算声波波长的平均值,与共振频率一起代入(6-1)式,可得声速的实验值,并计算声速的不确定度和百分误差.

【注意事项】

（1）在实验过程中,勿将声速测定仪的发射器与接收器靠得太近,以免损坏仪器.测量时尽量使二者由近及远进行测量.

（2）在测量过程中,声速测定仪的手轮不可倒转,以免产生回程误差.

（3）注意声速测定仪的读数装置为游标.

【数据记录及处理】

1. 测量波长.

表 6-1　波长的数据记录及处理

输入频率 $f=$ _____ Hz,环境温度 $t=$ _____ ℃

接收器位置	x_0	x_1	x_2	x_3	x_4	x_5	x_6	x_7	x_8	x_9
李萨如图	/	\	/	\	/	\	/	\	/	\
标尺读数/mm										
$\Delta x_i=\dfrac{x_{i+5}-x_i}{5}$ /mm	$\dfrac{x_5-x_0}{5}$		$\dfrac{x_6-x_1}{5}$		$\dfrac{x_7-x_2}{5}$		$\dfrac{x_8-x_3}{5}$		$\dfrac{x_9-x_4}{5}$	
	$\overline{\Delta x}=$ _____		$\lambda=2\cdot\overline{\Delta x}=$ _____			$\Delta_\lambda=2\sqrt{\dfrac{\sum(\Delta x_i-\overline{\Delta x})^2}{n-1}}=$ _____				

2. 计算声速.

表 6-2　声速的数据记录及处理

频率不确定度 Δ_f	波长不确定度 Δ_λ	声速实验值 $v_实=f\cdot\lambda$	声速不确定度 Δ_v	声速 $v_实\pm\Delta_v$	声速理论值 $v_理$	百分误差 $\dfrac{\lvert v_实-v_理\rvert}{v_理}\times100\%$
1.0 Hz						

注: $v_理=331.45\sqrt{\left(1+\dfrac{t}{273.15}\right)}$ m·s^{-1}.

$$\Delta_v=\sqrt{\left(\frac{\partial v}{\partial f}\right)^2\Delta_f^2+\left(\frac{\partial v}{\partial \lambda}\right)^2\Delta_\lambda^2}=\sqrt{\lambda^2\Delta_f^2+f^2\Delta_\lambda^2}=f\lambda\cdot\sqrt{\left(\frac{\Delta_f}{f}\right)^2+\left(\frac{\Delta_\lambda}{\lambda}\right)^2}=v_实\sqrt{\left(\frac{\Delta_f}{f}\right)^2+\left(\frac{\Delta_\lambda}{\lambda}\right)^2}.$$

【思考题】

1. 在相位比较法中,调节哪些旋钮可改变直线的斜率? 调节哪些旋钮可改变李萨如图形的形状?

2. 为什么要在共振状态下测定声速?

实验 7 用电流场模拟静电场

在工程技术上常常需要知道电极系统的电场分布情况,以便研究电子或带电质点在该电场中的运动规律.例如,为了研究电子束在示波管中的聚焦和偏转,就需要知道示波管中电极电场的分布情况.在电子管中需要研究引入新的电极后对电子运动的影响,也要知道电场的分布.然而,由于电场中不存在电荷的运动,需要电流通过的磁电式仪表就无法对电场进行直接测量.仪器和测量探头的进入,也必将导致被测电场的原有分布状态发生畸变,直接测量电场变得非常困难.一般来说,为了获得电场的分布,可以用解析法和模拟法.但只有在少数几种简单情况下,电场分布才能用解析法求得.对于较复杂的电极系统,模拟法是更加行之有效的方法.模拟法是指用一种易于实现和方便测量的物质状态或过程来模拟不易实现和不便测量的状态或过程,要求两种状态或过程要有一一对应的两组物理量,且满足相似的数学形式和边界条件.在电磁理论中,稳恒电流和静电场本质不同,但由于稳恒电流场在一定条件下与静电场有相似的空间分布规律,且相对容易实现测量,因此可以通过稳恒电流场来模拟静电场,从而获得静电场的电位分布(即静电场的分布).

【实验目的】

(1) 加深对电场强度和电势概念的理解.
(2) 学习用模拟法测绘静电场的等势线和电场线.
(3) 学习用图示法表达实验结果.

【实验原理】

静电场是静止电荷在其周围激发的一种特殊物质,一般用电场强度或电势的空间分布来描述.本实验以同轴电缆为例,讨论稳恒电流场和静电场的分布情况.

1. 同轴电缆的静电场

如图 7-1 所示,半径为 a 的长圆柱导体 A 和内半径为 b 的长圆筒导体 B,它们的中心轴重合,两者之间充满介电系数为 ε 的电介质.若 A 和 B 分别带有等量异号电荷(A 带正电荷,B 带负电荷),由高斯定律知,电场强度的方向是沿径向由 A 指向 B,呈辐射状分布,其等势面为一簇同轴圆柱面.由对称性可知,在垂直于轴线的任一截面 P 内,电场分布情况都相同.在距离轴心半径 r 处,各点的电场强度为

$$E_r = \frac{\lambda}{2\pi\varepsilon} \cdot \frac{1}{r}, \tag{7-1}$$

其中,λ 为电荷的线密度.其电势为

$$U_r = U_A - \int_a^r E_r \, \mathrm{d}r = U_A - \frac{\lambda}{2\pi\varepsilon} \ln \frac{r}{a}. \tag{7-2}$$

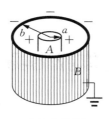 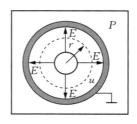

（a）立体图　　　　　　　　（b）俯视图

图 7-1　同轴电缆的静电场

令 $r=b$ 时，$U_B=0$（接地），则有

$$U_A=\frac{\lambda}{2\pi\varepsilon}\ln\frac{b}{a}. \tag{7-3}$$

由(7-2)式和(7-3)式可得

$$U_r=\frac{U_A}{\ln\dfrac{b}{a}}\ln\frac{b}{r}. \tag{7-4}$$

距中心 r 处的电场强度为

$$E_r=-\frac{\mathrm{d}U_r}{\mathrm{d}r}=\frac{U_A}{\ln\dfrac{b}{a}}\cdot\frac{1}{r}. \tag{7-5}$$

2. 同轴电缆的稳恒电流场

若 A 和 B 之间不是充满介电系数为 ε 的电介质，而是充满电阻率为 ρ 的不良导体，且 A 和 B 之间分别与直流电源的正极和负极相连，如图 7-2(a)所示.A 和 B 之间形成径向电流，建立一个稳恒电流场.取厚度为 h 的同轴圆柱片来研究.半径为 r 到 $r+\mathrm{d}r$ 之间的环形圆柱片的径向电阻为

$$\mathrm{d}R=\rho\frac{\mathrm{d}r}{S}=\frac{\rho}{2\pi h}\cdot\frac{\mathrm{d}r}{r}. \tag{7-6}$$

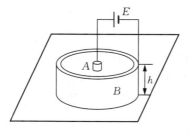 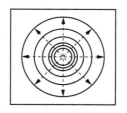

（a）同轴电缆模拟电极　　　　（b）电场线及等势线分布

图 7-2　同轴电缆的静电场

A 和 B 之间的电阻为

$$R_{AB}=\int_a^b\frac{\rho}{2\pi h}\cdot\frac{\mathrm{d}r}{r}=\frac{\rho}{2\pi h}\ln\frac{b}{a}. \tag{7-7}$$

半径 r 到 B 之间的环形柱片的电阻为

$$R_{rB} = \int_r^b \frac{\rho}{2\pi h} \cdot \frac{dr}{r} = \frac{\rho}{2\pi h} \ln \frac{b}{r} = \frac{R_{AB}}{\ln \frac{b}{a}} \ln \frac{b}{r}. \tag{7-8}$$

设 $U_B = 0$,则径向电流为 $I = \dfrac{U_A}{R_{AB}}$,距中心处 r 的电势为

$$U_r' = IR_{rB} = \frac{U_A}{\ln \frac{b}{a}} \ln \frac{b}{r}. \tag{7-9}$$

由(7-4)式和(7-9)式可以看出,稳恒电流场的电势 U_r' 和静电场的电势 U_r 有相同的表达式,说明稳恒电流场和静电场的电势分布相同.

稳恒电流场的电场强度为

$$E_r' = -\frac{dU_r'}{dr} = \frac{U_A}{\ln \frac{b}{a}} \cdot \frac{1}{r}. \tag{7-10}$$

由(7-5)式和(7-10)式也可以看出,稳恒电流场的电场 E_r' 与静电场 E_r 的分布也相同.

稳恒电流场和静电场具有这种等效性,所以,可用稳恒电流场来模拟静电场.也就是说,要测绘静电场的分布,只要测绘相应的稳恒电流的电场就可以了.由(7-9)式可得各等势线(同心圆)半径的理论计算公式如下:

$$r = b \left(\frac{b}{a} \right)^{-\frac{U}{U_A}}. \tag{7-11}$$

在本实验中,$a = 10$ mm,$b = 70$ mm,$U_A = 10$ V,$U_B = 0$ V,代入上式可得不同等势线(同心圆)的半径大小.在实验测绘中,考虑电场强度 E 是矢量,电势 U 是标量,测定电势比测定电场强度容易实现,可先测绘出等势线,再根据等势线与电场线处处垂直的关系,即可画出电场线.电场线上任一点的切线方向就是该点电场强度的方向,电场线的疏密程度则代表电场强度的大小.稳恒电流场的等势线和电场线能形象地表示静电场的分布情况.

在实验中用稳恒电流场来模拟静电场正是运用了两者在形式上的相似,但相似不是等同,在使用模拟法时,必须注意其适用条件.

（1）电流场中导电介质分布必须相当于静电场中的介质分布.

（2）静电场中导体的表面是等势面,则稳恒电流场中导电体也应该是等势面,这就要求采用良好的导体制作电极,且导电介质的电导率不宜太大并要均匀.

（3）测定导电介质中的电势时,必须保证探测电极支路无电流通过.

【实验仪器】

静电场模拟实验仪 1 套,如图 7-3 所示,包括专用电源、同步探针和模拟电极(同轴电缆和电子枪聚焦电极).

图 7-3　静电场模拟实验仪

　　静电场模拟实验仪的模拟电极分为上下两层:上层用于固定记录纸(白纸);下层为电极,接入电源形成模拟场.两探针由两根等长的金属片固定在探针座上始终同步,下探针可在模拟场中探测到不同点的电势,轻按上探针,便可在记录纸上同步打出相应的等势点(即描迹点).

【注意事项】

(1) 连线时要注意电极的极性,不能接错.
(2) 探针与弹簧片之间要保持垂直且不能松动.
(3) 同轴电缆静电场的等势线为同心圆簇,电场线与等势线正交.
(4) 绘图时要标明等势线的电压大小,画出电场强度的方向.

【实验内容与步骤】

　　1. 连接电路

如图 7-4 所示,将模拟装置的正极(圆柱 A)、负极(外圆 B)分别接到试验仪专用电源

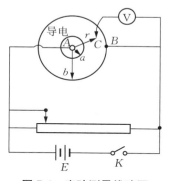

图 7-4　实验测量线路图

的正负极接线柱上.将同步探针接到实验仪的测笔接线柱上.调节探针使其上下两针对齐(一般都是对齐的),保持下探针 C 与导电纸接触良好,上探针与记录纸有 1~2 mm 的距离.

　　2. 校准电极电压

打开静电场实验仪专用电源开关,将其"测量"与"校准"转换开关打向"校准"端,调节电压到 10.00 V.

　　3. 打点描迹

将"测量"与"校准"转换开关打向"测量"端.记录纸(白纸)平铺于电极架的上层并用磁条压紧.移动双层同步探针选择电势点,压下上探针打点,然后移动探针选取其他等势点并打点,即可描出一条等势线.测量时要选择恰当的测点间距,分别测 8.0 V, 6.0 V, 4.0 V, 2.0 V, 1.0 V 各电势的等势线.每条等势线测定 8 个均匀分布的点.

　　4. 关机整理

测量结束关闭电源,整理好导线和电极.

【数据记录及处理】

　　1. 根据一组等势点找出圆心,以每条等势线上各点到圆心的平均距离为半径,画出等

势线的同心圆簇.根据电场线与等势线正交原理,画出电场线,标明等势线间的电势差大小,并指出电场强度方向,得到一张完整的电场分布图(粘于下页).

2. 用(7-11)式计算出各等势线的半径 r_0,用圆规和直尺测量出每条等势线上 8 个均分点到轴心点的距离半径 r_m,并计算平均值 $\bar{r}_m$.以 r_0 为约定真值,求各等势线半径的相对误差,填入表 7-1.

表 7-1　同轴电缆等势半径的数据记录及处理

U_r'/V		1.0	2.0	4.0	6.0	8.0
理论值 r_0/mm		57.6	47.4	32.1	21.8	14.7
实验值 r_m/mm	1					
	2					
	3					
	4					
	5					
	6					
	7					
	8					
平均实验值 $\bar{r}_m$/mm						
相对误差/%						

【思考题】

1. 怎样由所测的等势线绘出电场线?电场线的方向应如何确定?
2. 试分析测量电场产生畸变的原因.

实验 8 电学元件的伏安特性

电路中有各种电学元件,如线性电阻、半导体二极管和三极管以及光敏、热敏和压敏元件等.了解这些元件的伏安特性,对正确地使用它们是至关重要的.利用滑动变阻器的分压接法,通过电流和电压表正确地测出它们的电压与电流的变化关系,称为伏安测量法(简称伏安法).伏安法是电学中常用的一种基本测量方法.

【实验目的】

(1) 了解分压器电路的调节特性.
(2) 掌握测量伏安特性的基本方法和线路特点.
(3) 学会正确使用直流电源、电压表、电流表、电阻箱等电学仪器.

【实验原理】

1. 分压电路

滑动变阻器的分压器接法如图 8-1 所示.

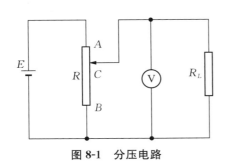

图 8-1　分压电路

将变阻器 R 的两个固定端 A 和 B 接到直流电源 E 上,将滑动端 C 接到负载 R_L,则负载 R_L 两端的电压 U 为

$$U=\frac{R_{BC}R_L}{RR_L+R_{BC}(R-R_{BC})}E, \tag{8-1}$$

$$0 \leqslant R_{BC} \leqslant R, \quad 0 \leqslant U \leqslant E. \tag{8-2}$$

2. 电学元件的伏安特性

在某一电学元件两端加上直流电压,在元件内就会有电流通过,通过电学元件的电流与其两端电压之间的关系称为该电学元件的伏安特性.在欧姆定律 $U=IR$ 中,电压 U 的单位为伏特,电流 I 的单位为安培,电阻 R 的单位为欧姆.以电压为横坐标、电流为纵坐标的电流-电压关系曲线,称为该电学元件的伏安特性曲线.

对于碳膜电阻、金属膜电阻、线绕电阻等电学元件,在通常情况下,通过元件的电流与加在元件两端的电压成正比关系变化,其伏安特性曲线为一直线,如图 8-2(a)所示,这类元件称为线性元件,它的电阻值等于该直线斜率的倒数($R=U/I$).至于半导体二极管、稳压管等元件,通过元件的电流与加在元件两端的电压不成正比关系变化,其伏安特性为一曲线,这类元件称为非线性元件.例如,半导体二极管有正负两个极,正极由 P 型半导体引出,负极由 N 型半导体引出,其 PN 结具有单向导电的特性.当二极管接正向电压时,电路

86

中有较大电流；当二极管接反向电压时,电路中的电流则很微弱,电流大小不随电压成正比变化,其伏安特性曲线如图 8-2(b)所示.

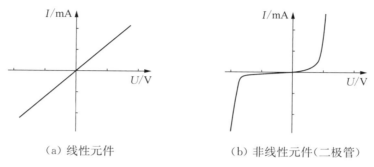

（a）线性元件　　　　　　　　　（b）非线性元件(二极管)

图 8-2　线性元件和非线性元件的伏安特性

3. 电流表的内接法和外接法

在用伏安法测量电阻 R 的伏安特性的线路中,通常有电流表的内接法和外接法两种,如图 8-3 所示.电压表和电流表的内阻分别为 R_V 和 R_1,电压表和电流表的读数分别为 U 和 I.如果不忽略电压表和电流表的内阻,则电流表内接时,有

$$R = \frac{U}{I} - R_1. \tag{8-3}$$

电流表外接时,有

$$\frac{1}{R} = \frac{I}{U} - \frac{1}{R_V}. \tag{8-4}$$

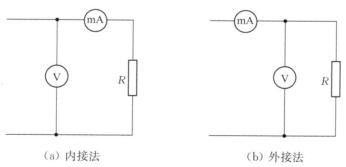

（a）内接法　　　　　　　　　（b）外接法

图 8-3　电流表的内接法和外接法

从(8-3)式可以看出,电流表内接时,由于电流表的内阻不为零,电流表具有分压作用,测得电阻值结果偏大,只有待测电阻的阻值远大于电流表内阻时,电流表的分压作用较小,系统误差较小.从(8-4)式可以看出,电流表外接时,由于电压表的内阻不可能无穷大,电压表具有分流作用,测得电阻结果偏小,只有待测电阻的阻值远小于电压表内阻时,电压表的分流作用较小,系统误差较小.在需要作这样简化处理的实验场合,为了减少上述系统误差,测量电阻的线路方案可以按照下列办法选择.

（1）当待测电阻远小于电压表内阻,且比电流表内阻大得不多时,宜选用电流表外接法.

（2）当待测电阻远大于电压表内阻，且和电压表内阻相差不多时，宜选用电流表内接法.

（3）当待测电阻远大于电流表内阻，且远小于电压表内阻时，则必须先用电流表内接法和外接法测量，然后比较电流表的读数变化大还是电压表的读数变化大，根据比较结果决定采用内接法还是外接法.具体情况读者可以自己分析，这里不再赘述.

电流表的内接法和外接法都有一定的系统误差.如果要得到待测电阻的准确值，必须测出电表内阻，并按(8-3)式和(8-4)式进行修正.

4. 二极管的伏安特性

对于二极管，需要补充说明如下.

（1）当二极管加上正向偏置电压时，正向电流流过二极管，并随着正向偏置电压的增大而增大.开始时，电流随着电压增加变化较小，当正向偏置电压接近二极管的导通电压时(本实验中二极管的导通电压为 0.7～0.8 V)，电流变化明显.当二极管导通后，电压变化少许，电流就会急剧增加.二极管加上正向偏置电压时，呈现电阻阻值较小.因此，在测量二极管的正向伏安特性时，宜采用电流表外接法进行测量.

（2）当二极管加上反向偏置电压时，二极管处于截止状态，二极管内并不是没有电流，只是反向电流非常小.当反向偏置电压继续增加时，反向电流随着电压增加变化较小，但当反向偏置电压增加到二极管的击穿电压时，反向电流将急剧增加，二极管将被反向击穿.二极管加上反向偏置电压时，呈现电阻阻值较大.因此，在测量二极管的反向伏安特性时，宜采用电流表内接法进行测量.

【实验仪器】

FB321B 型电阻元件 V-A 特性实验仪包括直流稳压电源、可变电阻器、电流表、电压表及被测元件、采集仪 6 个部分，如图 8-4 所示.电压表和电流表采用四位半数显表头，可以独立完成对线性电阻元件、半导体二极管、钨丝灯泡等电学元件的伏安特性测量.必须合理配接电压表和电流表，才能使测量误差最小.

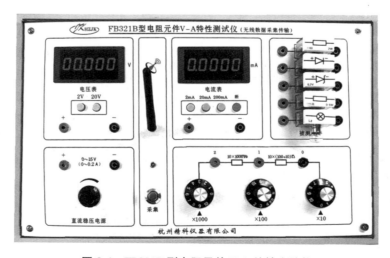

图 8-4 FB321B 型电阻元件 V-A 特性实验仪

直流稳压电源输出电压有连续可调的 0～2 V 和 0～10 V 两档.可变电阻箱由(0～10)×1 kΩ、(0～10)×100 Ω 和(0～10)×10 Ω 三位可变电阻开关盘构成.0 号和 2 号端之间电阻等于 3 个位电阻盘的电阻值之和,电阻值为 0～11 100 Ω,最小步进量为 10 Ω;0 号和 1 号端子间电阻值为 0～1 100 Ω,最小步进量为 10 Ω;1 号和 2 号端子间电阻值为 0～10 kΩ,步进量为 1 kΩ.当电源正极接于 2 号端子,负极接于 0 号端子,从 0 号端子与 1 号端子获得电源电压的分压输出,由电压表显示分电压值为

$$U_o = E \cdot \frac{R_0 + R_1}{R_0 + R_1 + R_2}, \tag{8-5}$$

其中,U_o 为分压电压输出值,E 为电源电压;R_2 是×1 kΩ 电阻盘示值电阻,可由电阻盘旋钮调节阻值;$(R_1 + R_0)$ 为×100 Ω 和×10 Ω 电阻盘的总电阻.电压表有 2 V 和 20 V 两个量程,电流表有 2 mA、20 mA 和 200 mA 3 个量程,量程变换由调节转换开关完成.

实验仪还配备了 1N4735 型稳压二极管和 NPN9013 型三极管,可作为非线性元件.1N4735 型稳压二极管稳定电压为 6.2 V,最大工作电流为 35 mA,在工作电流 5 mA 时动态电阻为 20 Ω,正向压降小于等于 1 V.NPN9013 型三极管可作二极管使用,最高反向峰值电压为 10 V,正向压降为 0.8 V,正向最大电流小于等于 0.2 A.

【实验内容与步骤】

1. 测量线性电阻的伏安特性曲线

(1) 根据待测电阻的标称值,选择合适的接法接线,线路图可参考图 8-5.

(2) 调节分压电路电阻,使电压从零开始逐渐增大,记录相应的电压和电流值于表 8-1 中.

(3) 以电压 U 为横坐标、电流 I 为纵坐标,作出电阻的伏安特性曲线.用图解法求出电阻值 R,并与标称值 R_0 比较,计算相对误差.

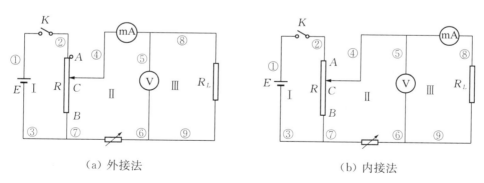

(a) 外接法　　　　　　　　　　　(b) 内接法

图 8-5　测量线性电阻的伏安特性电路图

2. 测量二极管的伏安特性曲线

(1) 测二极管的正向伏安特性.

因为二极管正向电阻小,可用图 8-6(a)所示电路接线.图中 $R = 100$ Ω 为保护电阻,用以限制电流,避免因电压到达二极管的正向导通电压值时电流太大而损坏二极管或电流表.接通电源前应调节电源 E 使其输出电压为 3 V 左右,并将分压输出滑动端 C 置于 B

端.然后缓慢增加电压,如取 0.00 V,0.10 V,0.20 V,…(在增加至电流变化大时,如硅管约为 0.6~0.8 V 时,可适当减小测量间隔),读出相应电流值,将数据记入表 8-2 中.最后关闭电源(本实验中硅管电压范围在 1 V 以内,电流应小于最大正向额定电流,可据此选用电表量程).

(2)测二极管的反向伏安特性.

根据图 8-6(b)连接线路,调节分压电路电阻,逐步增加电压,从零开始每增加 1 V 记录相应的电压和电流值.当电压增加到接近反向击穿电压时(稳压二极管约 6.2 V),可适当减小测量间隔,将相应的电压和电流值记入表 8-3 中.

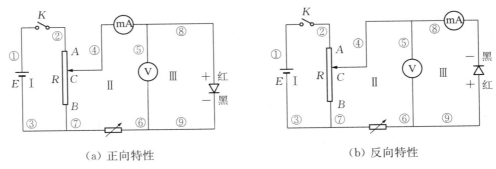

（a）正向特性 　　　　　　　　　　　（b）反向特性

图 8-6　测量非线性元件的伏安特性电路图

【注意事项】

(1)在实验中,测电阻时电源电压取为 3 V;测二极管正向特性时电源电压取为 2 V,测二极管反向特性时电源电压取为 10 V.

(2)在本实验中,检测稳压二极管是否被击穿,可以用数字万用表的测短路档".)))"来测量其电阻值.若正向显示为 0.7~0.8,反相显示为"1."(即无穷大)的时候,说明二极管良好;若反向显示为 0.6~0.8,则说明二极管已经被击穿,需要更换.

(3)接线过程要注意电源、电流表、电压表和二极管的极性.

【数据记录及处理】

1. 测量电阻的伏安特性.

表 8-1　电阻的伏安特性实验数据记录

U/V										
I/mA										

根据表 8-1 中数据,以自变量电压 U 为横坐标、因变量电流 I 为纵坐标,选取合适比例画出电阻的伏安特性曲线,并用图解法求出电阻 R 的实验值.在求电阻时,在 I-U 图上选取两点 A 和 B(不要选与测量数据相同的点,且 A 和 B 点尽可能相距远一些),由下式求出 R 值,并计算其相对误差,

$$R = \frac{U_B - U_A}{I_B - I_A} = \frac{\Delta U}{\Delta I} = \underline{\qquad} (\Omega);$$

$$E_R = \frac{R - R_0}{R_0} \times 100\% = \underline{\hspace{2cm}}\%.$$

2. 测量二极管的伏安特性.

表 8-2　二极管的正向特性实验数据记录

U/V								
I/mA								

表 8-3　二极管的反向特性实验数据记录

U/V								
I/mA								

根据表 8-2 和表 8-3 中测得的二极管正反向特性数据,在同一坐标纸上绘制二极管的正反向特性曲线,特性曲线上反向的 U 和 I 取负值.由于正反向电压和电流值相差较大,作图时可选取不同刻度值.

【思考题】

1. 在电路中滑动变阻器主要有哪几种基本接法? 分别有什么功能?

2. 半导体二极管的正向电阻小而反向电阻很大,在测定其伏安特性时,线路设计应注意哪些问题?

【附录】

1. 电表量程和内阻值

FB321B 型电阻元件 V-A 特性实验仪电表的量程和内阻值如表 8-4 所示.

表 8-4　FB321B 型电阻元件 V-A 特性实验仪电表的量程和内阻值

电压表量程/V	2	20	电流表量程/mA	2	20	200
电压表内阻/MΩ	1	10	电流表内阻/Ω	100	10	1

2. 电阻

阻值不能调节的电阻器叫固定电阻,这种电阻体积小、造价低、应用广泛,一般分为碳膜电阻、金属膜电阻、线绕电阻等多种类型.每个电阻都注明了阻值的大小和允许通过的电流(或功率).注明的方式有两种:一种是将参数直接写在电阻上,如图 8-7(a)所示.另一种是将不同颜色的色环按一定顺序印在电阻上,表示阻值的大小.颜色与数字的对应关系见表 8-5,不同位置的色环表示不同的含义,前 3 个色环表示这个电阻的阻值大小为

$$R = (m \times 10 + n) \times 10^l \ \Omega.$$

（a）电阻的参数　　　　　　　　　　　（b）电阻的色环

图 8-7　电阻示意图

表 8-5　电阻色环颜色与数字的对应关系

颜色	黑	棕	红	橙	黄	绿	蓝	紫	灰	白	金	银
数字	0	1	2	3	4	5	6	7	8	9	5%	10%

例如,有一个色环电阻的前 3 个色环颜色分别为黑、红、红,则该电阻的值为

$$R = (0 \times 10 + 2) \times 10^2 = 200 \ (\Omega).$$

电阻的第四环表示电阻的相对误差.其中,金色为 5%,银色为 10%.

实验 9　直流电桥测电阻

　　电桥法测量是一种很重要的测量技术.电桥法具有线路原理简明、仪器结构简单、操作方便、测量的灵敏度和精确度较高等优点,它不仅广泛应用于电磁测量,也广泛应用于非电量测量.电桥可以测量电阻、电容、电感、频率、压力、温度等许多物理量.同时,在现代自动控制及仪器仪表中,常利用电桥的这些特点进行设计、调试和控制.电桥分为直流电桥和交流电桥两类.直流电桥又分为单臂电桥和双臂电桥.单臂电桥又称为惠斯通电桥,主要用于精确测量 $10 \sim 10^6$ Ω 的中阻值电阻.双臂电桥又称为开尔文电桥,主要用于精确测量 $10^{-5} \sim 10$ Ω 的低阻值电阻.本实验主要学习应用直流单、双臂电桥分别测量中值电阻和低值电阻.

【实验目的】

　　(1) 了解直流单臂电桥和双臂电桥的结构及工作原理.
　　(2) 掌握用直流单臂电桥和双臂电桥测电阻的方法.
　　(3) 学习电桥的不确定度计算方法.

【实验原理】

　　1. 单臂电桥

　　单臂电桥是最常用的直流电桥.如图 9-1 所示,由 3 个精密电阻 R_1, R_2, R 和一个待测电阻 R_x 连成一个四边形,每一条边称作电桥的一个臂,其中,R_1 和 R_2 组成比例臂,R 为比较臂,R_x 为待测臂,四边形的一条对角线 AC 接电源 E,另一条对角线 BD 接检流计 G.所谓"桥"就是指接有检流计的 BD 这条对角线,用检流计来判断 B 和 D 两点电势是否相等,或者说判断"桥"上有无电流通过.电桥没调平衡时,"桥"上有电流通过检流计;适当调节各臂电阻,可使"桥"上无电流,即 B 和 D 两点电势相等,电桥达到平衡,此时有

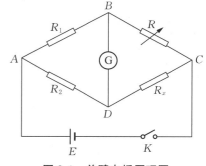

图 9-1　单臂电桥原理图

$$\frac{R_x}{R} = \frac{R_2}{R_1}.$$

根据电桥的平衡条件,若已知其中 3 个臂的电阻,就可以计算出待测臂的电阻,

$$R_x = \frac{R_2}{R_1} R = CR (C \text{ 称为倍率}). \tag{9-1}$$

2. 双臂电桥

用单臂电桥测低值电阻时,引线电阻和接触电阻 r(约 $10^{-2} \sim 10^{-4}\,\Omega$)已经不可忽略,致使测量值误差较大.改进办法是将其中的低值电阻桥臂改为四端接法,并增接一对高电阻,如图 9-2 所示.改用四端接法后的等效电路如图 9-3 所示.r_1 和 r_2 串联在电源回路中,其影响可忽略.r_3 和 r_4 接高电阻,其影响也可忽略.

双臂电桥的实际电路如图 9-4 所示.当检流计调平衡后,可得到以下 3 个方程:

$$I_3 R_x + I_2 R_2' = I_1 R_2,$$

$$I_3 R + I_2 R_1' = I_1 R_1,$$

$$I_2(R_2' + R_1') = (I_3 - I_2)r.$$

由这 3 个电路方程可解得

$$R_x = \frac{R_2}{R_1}R + \frac{rR_1'}{R_1' + R_2' + r}\left(\frac{R_2}{R_1} - \frac{R_2'}{R_1'}\right). \tag{9-2}$$

与高值电阻相比 r 非常小,将两对比率臂做成联动机构,尽量使 $\dfrac{R_2'}{R_1'} = \dfrac{R_2}{R_1}$,则有

$$R_x = \frac{R_2}{R_1}R = CR. \tag{9-3}$$

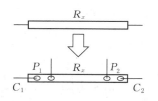

图 9-2　四端接法

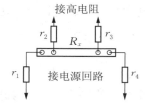

图 9-3　四端接法等效电路图

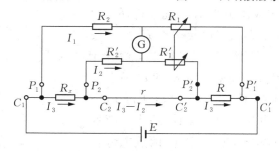

图 9-4　双臂电桥原理图

3. 电桥的不确定度

单、双臂电桥的准确度等级指数 α 主要反映电桥中各种标准电阻的准确度,同时,还与用电桥测量电阻时的测量范围、工作电源电压和比率臂倍率等条件有关,具体取值参见本实验附录的表 9-3 和表 9-4.

(1) QJ23a 型单臂电桥.

用 QJ23a 型单臂电桥测量电阻时,在其规定的使用条件下,电桥的基本误差限 $E_{\lim}$ 为

$$E_{\lim}=\alpha\%C(R+1).\tag{9-4}$$

如果不符合测量范围或电源、检流计等条件,电桥测量判断平衡时不"灵敏",测量不确定度会增大.所以,用电桥测量电阻时的误差还应包括电桥的灵敏阈.在实验中,能够引起仪表显示值发生可觉察变化的被测物理量的最小变化量叫做仪器的灵敏阈(也叫分辨率).本实验以检流计偏转 0.2 分格所对应的待测电阻变化值作为电桥的灵敏阈,当所用电桥灵敏阈越低时,测量的精度越高.单臂电桥灵敏阈计算公式为

$$\Delta_s=0.2C\Delta R/\Delta d,\tag{9-5}$$

其中,ΔR 为电桥调试测量盘达到平衡后,人为地使测量盘改变的电阻值(一般改变几欧姆到几十欧姆),此时检流计指针所对应的偏转格数为 Δd.

所以,用单臂电桥测量电阻的总不确定度为

$$\Delta_{R_x}=\sqrt{E_{\lim}^2+\Delta_s^2}.\tag{9-6}$$

(2) QJ24 型双臂电桥.

用 QJ24 型双臂电桥测量电阻时,在其规定的使用条件下,双臂电桥的基本误差限为

$$E_{\lim}=\pm\alpha\%(CR+0.01C).\tag{9-7}$$

用双臂电桥在测量电阻时,其检流计是通过放大电路工作的,具有很高的灵敏度,由灵敏阈所引起的测量误差可以忽略,即 $\Delta_s\approx0$.所以,用双臂电桥测量电阻时总不确定度为

$$\Delta_{R_x}\approx E_{\lim}=\pm\alpha\%(CR+0.01C).\tag{9-8}$$

【实验仪器】

1. QJ23a 型携带式单臂电桥

(1) 倍率 C:$C=R_2/R_1$,分为"$\times0.001$"、"$\times0.01$"、"$\times0.1$"、"$\times1$"、"$\times10$"、"$\times100$"、"$\times1\,000$"共 7 档,如图 9-5 所示.单臂电桥电路图如图 9-6 所示.

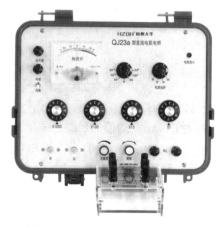

图 9-5　QJ23a 型携带式单臂电桥

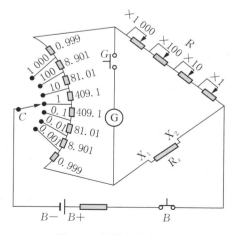

图 9-6　单臂电桥电路图

（2）测量臂 R：由 4 个十进位电阻盘组成，分别为"×1 000"、"×100"、"×10"、"×1".

（3）待测臂 R_x：两个端钮用于接被测电阻.

（4）检流计 G：用作平衡判断，在使用前应先调零.若使用外接检流计，应将外接检流计接到相应的外接接线端钮，并将内外接切换开关拨至外接.

（5）电源开关 B 及检流计开关 G：由于长时间通电对电阻有热效应，且电源消耗过快，非瞬时过载对检流计也易造成损坏，实验中应先按 B 后按 G，断开时必须先断开 G 后断开 B，并尽量避免被锁住.

2. QJ44 型携带式双臂电桥

（1）倍率 C：$C=R_2/R_1$，分为"×0.01"、"×0.1"、"×1"、"×10"、"×100"共 5 档，如图 9-7 所示.双臂电桥电路图如图 9-8 所示.

（2）测量盘：由粗调盘和细调盘组成.粗调盘有 0.01～0.1 共 10 档，细调盘从 0.000 0～0.010 0 连续可调，还应再估读 1 位，读到小数点后面第五位.

（3）高灵敏度电流计：由放大器和电流表组成.灵敏度旋钮逆时针转到头为迟钝位置，顺时针转到头为最灵敏位置.调零旋钮每次改变灵敏度，要重新调整零点.

（4）外接电源端钮 B：用于连接外接电源.本实验采内置电源（或者由市电供电）.

（5）电源开关 B 及检流计开关 G：B 和 G 按钮的使用同单臂电桥.

（6）四端接线钮 C_1，C_2，P_1，P_2：待测低值电阻，必须采用四端接法.

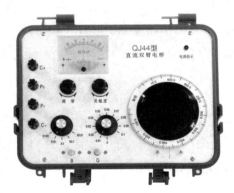

图 9-7 QJ44 型携带式双臂电桥

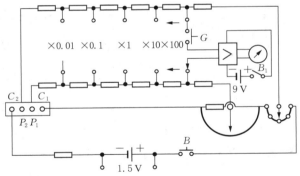

图 9-8 双臂电桥电路图

【实验内容与步骤】

1. 用直流单臂电桥测电阻

（1）测量前接好电源，调节检流计零点，连接好待测电阻.

（2）预置倍率 C 和比较臂 R：根据待测电阻的标称值（或大约值）及 $R_x=CR$ 的关系，将测量盘电阻 R 的阻值置为千位数，再定倍率 C 的大小.例如，欲测 100 Ω 的电阻，将 R 置于"1 000"，C 选"×0.1"，可测出四位有效位数.

（3）点按 B 和 G 按钮，调节测量盘 R 直到平衡，记录测量盘 R 值.

（4）稍微改变 R 值，记下 ΔR，同时观察检流计，并记下指针偏转的格数 Δd.

（5）将所得数据填入表 9-1.

（6）实验完毕,切断电源,整理还原好仪器.

2. 用直流双臂电桥测低电阻

（1）测量前接好电源,并接入待测电阻,灵敏度逆时针调到最小,调节检流计零点.

（2）预置 C 和 R,选择原则也是使有效位数尽量多,并且使 $R_x = CR$.

（3）从灵敏度最迟钝位置测起,点按 B 和 G 按钮.先调节 R 粗调盘,再调细调盘,逐步提高灵敏度,使检流计偏转到 $10 \sim 20$,再调整细调盘使之平衡,直到最大灵敏时测得的平衡值 R 方为准确值.注意检查此时的检流计零点.

（4）实验完毕,切断电源,整理还原好仪器.

【注意事项】

（1）确定倍率 C 与比较臂 R 初始值大小是电桥实验中一个很重要的问题.确定的原则是电桥比较臂 R 上的 4 个旋钮都要用上,即 R 的千位一定要用上.

（2）调节单臂电桥平衡时要用"点按法",要让电源开关 B 及检流计开关 G 尽量避免被锁住,即瞬时按下检流计的按钮开关随即松开,尤其是当检流计指针偏转剧烈时,必须立即松开、进行检查.

（3）双臂电桥的比较臂电阻由粗调盘和细调盘组成,细调盘最小分度为 $0.0001\ \Omega$,再加上估读 1 位,读数读到小数点后面第五位.

【数据记录及处理】

1. 用单臂电桥测电阻.

表 9-1 QJ23a 型电桥测电阻数据记录及处理

电阻标称值/Ω			
倍率 C			
准确度等级指数 α			
平衡时测量盘读数 R/Ω			
平衡后将检流计调偏 Δd/分格			
与 Δd 对应的测量盘的示值变化 $\Delta R/\Omega$			
测量值 CR/Ω			
$\lvert E_{\lim} \rvert = (\alpha\%)(CR + 500C)/\Omega$			
$\Delta_s = 0.2C\Delta R/\Delta d\ /\Omega$			
$\Delta_{R_x} = \sqrt{E_{\lim}^2 + \Delta_s^2}\ /\Omega$			
$R_x = CR \pm \Delta_{R_x}\ /\Omega$			

2. 用双臂电桥测电阻.

表 9-2 QJ44 型双臂电桥测电阻数据记录及处理

电阻标称值/Ω			
倍率 C			
准确度等级指数 α			
平衡时测量盘读数 R/Ω			
测量值 CR/Ω			
$\Delta_{R_x}=(\alpha\%)(CR+0.01C)$/Ω			
$R_x=CR\pm\Delta_{R_x}$/Ω			

【思考题】

1. 为什么用单臂电桥测电阻一般比用伏安法测量的电阻阻值准确度高?

2. 为什么用单臂电桥测电阻选取比率臂时,应该尽可能用上"$\times 1\,000\ \Omega$"的测量盘?

【附录】

表 9-3 QJ23a 型单臂电桥准确度等级参考表

倍率 C	量程	准确度等级(%)		电源电压/V
		α	α_1	
$\times 0.001$	1~11.11 Ω	0.5	0.5	
$\times 0.01$	10~111.1 Ω	0.2	0.2	
$\times 0.1$	100~1 111 Ω	0.1		3~4.5
$\times 1$	1~5 kΩ	0.1	0.1	
	5~11.11 kΩ	0.1		
$\times 10$	10~50 kΩ	0.2		9
	50~111.1 kΩ	1		
$\times 100$	100~500 kΩ	2	0.2	15
	500~1 111 kΩ	5		
$\times 1\,000$	1~11.11 MΩ	20	0.5	

注:α 为用内附检流计测量时的准确度等级,α_1 为用外接检流计测量时的准确度等级.

表 9-4 QJ24 型双臂电桥准确度等级参考表

倍率 C	测量范围/n	准确度等级(%)
$\times 100$	1~11	0.2
$\times 10$	0.1~1.1	0.2
$\times 1$	0.01~0.11	0.2
$\times 0.1$	0.001~0.011	0.5
$\times 0.01$	0.000 1~0.001 1	1

实验 10 补偿法校准电流表

补偿法在电测量技术中经常用到,如在一些自动测量和控制系统中常用到电压补偿电路.它的原理是使被测电压和已知电压相互抵消(即达到平衡),来实现对未知电压的精确测量,其准确度可以高达 0.001%.电位差计是补偿法的典型应用,是补偿原理和比较法精确测量直流电势差或电源电动势的常用仪器,具有准确度高、使用方便、测量结果稳定可靠的优点.电位差计还可以用来测量所有可以变换为电压的物理量,如电流、电阻、温度、压力、位移、速度等.另外,它在非电参量的电测法中也占有重要地位.随着科学技术的发展,高内阻、高灵敏度仪表不断出现,新型仪表在许多测量场合已经逐渐取代电位差计,但电位差计这一典型物理实验仪器所采用的补偿法是一种宝贵的实验方法,仍然值得借鉴.

【实验目的】

(1) 学习补偿法的基本原理.
(2) 学习电位差计的工作原理及其进行测量的基本方法.
(3) 学习使用电位差计校准电流表.

【实验原理】

1. 补偿原理

如图 10-1 所示,将已知的可调标准电源 E_0 和被测电源 E_x 串联起来,中间接一个检流计 G,组成闭合回路.通过调节标准电源的电压 E_0,使检流计 G 指零,此时回路中没有电流,表明 E_0 与 E_x 的大小相等,回路处于平衡补偿(或抵消)状态.若已知补偿状态下 E_0 的大小,就可以确定 E_x 的大小.这种利用一个电压或电动势去比较另一个电压或电动势的方法叫做补偿法.补偿法具有以下优点.

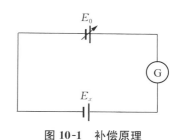

图 10-1 补偿原理

(1) 补偿电路是一种分压装置,是将被测电动势 E_x 与标准电动势 E_0 实现直接比较,因而测量准确度高.

(2) 平衡时指示仪示零,表明测量时没有从被测电源 E_x "支取"电流,不改变被测回路的原有状态及电压等参量,同时可避免测量回路导线电阻等对测量准确度的影响,这是补偿法测量准确度高的另一个原因.

2. 电位差计的工作原理

电位差计就是根据补偿法思想设计的一种测量电动势(电压)的仪器,可以分为直流电位差计和交流电位差计.直流电位差计用于测量直流电压,使用时调节标准电压的大小,以达到两个电压的补偿.交流电位差计用于测量工频到声频的正弦交流电压.两同频率正弦交流电压相等时,要求其幅值和相位均相等,因此交流电位差计的线路要复杂些,并且至少有两个可调量.数字电位差计是传统直流电位差计的更新换代产品,与传统工艺相结合,在使用功能方面,可对热电偶、传感器等仪表输出的毫伏信号进行检测,也可作为标准毫伏信号源直接校验多种变送器及仪表.本实验以直流电位差计为例,介绍补偿法的原理、校准和测量过程.

图 10-2 是常用的 UJ31 型直流电位差计的电路原理图,主要有 3 个回路.工作回路①:

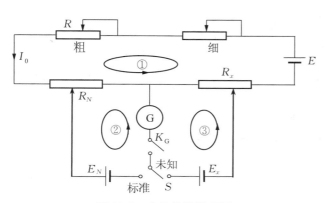

由工作电源 E、限流电阻 R(粗、细)、标准电阻 R_N 和 R_x 组成;校准回路②:由标准电源 E_N、测量转换开关 S 和电键 K_G、平衡指示仪 G(检流计)、标准电阻 R_N 组成;测量回路③:由待测电动势 E_x、标准电阻 R_x、平衡指示仪 G(检流计)、测量转换开关 S 和电键 K_G 组成.通过测量未知待测电动势 E_x 的"校准"和"测量"两个操作步骤,可以清楚地了解电位差计的原理.

图 10-2　电位差计原理图

(1) 校准工作电流 I_0.在图 10-2 中,测量转换开关 S 拨向标准档位,电键 K_G 闭合,校准回路②组成闭合回路.在①和②两个闭合回路中,通过调节回路①中的电阻 R(粗、细),使得标准电阻 R_N 两端的电压与校准回路②中的标准电池 E_N 大小相同,回路②处于平衡补偿状态(平衡指示仪 G 示零),获得通过标准电阻 R_N 的标准电流 $I_0 = E_N/R_N$,即工作电流调节回路①中流经 R_x 的电流值也为一个已知的标准电流 I_0.本实验中标准电池电动势 E_N 为 1.018 6 V,标准电阻 $R_N = 101.86\ \Omega$,则回路①的电流为 $I_0 = 10\ mA$.这一步骤称为工作电流标准化,或称为电位差计定标.在科学实验中,对某种量进行精确测量常常需要用标准件来定标.本实验的定标过程体现在用标准电池来进行电位差计工作电流的标准化.

(2) 测量待测电动势 E_x.在图 10-2 中,测量转换开关 S 拨向未知档位,电键 K_G 闭合,测量回路③组成闭合回路.在①和③两个闭合回路中,保持①回路中标准电流 $I_0 = E_N/R_N$ 不变,调节 R_x 使检流计 G 指零,未知待测电动势 E_x 与 R_x 两端电压极性相同且大小相等,因而相互补偿平衡,可测得

$$E_x = I_0 R_x = I_0 \cdot \frac{E_N}{R_N}.$$

3. 电流表的校准

校准电流表是使被校电流表与标准电流表同时测量一定的电流,看其指示值 I'_j 与相应的标准值 I_j(从标准电表读出)相符的程度.校准的结果得到电表各个刻度的绝对误差.选取其中最大的绝对误差除以量程,可得该电表的标准误差,即

$$标准误差 = \frac{最大绝对误差}{量程} \times 100\%.$$

根据标准误差的大小,将电表分为不同的等级,常记为 α. 例如,若 0.5%<标准误差 α%≤ 1.0%,则该电表的等级为 1.0 级.

图 10-3 中的回路④为电流表校准回路,由电源 E'、滑动变阻器 ACB、保护电阻 R、标准电阻 R_0 和被校准电流表组成. 接通电源 E' 后,调节滑动变阻器,可使待校准电流表显示不同的待校准电流显示值 I'_j. 将开关电键 S 拨向未知电动势档位,电键 K_G 闭合,回路③构成测量回路,标准电阻 R_0 两端 P_1、P_2 的电压亦对应显示出不同的 E_x 值. 调节电阻 R_x 使得回路③中的平衡指示仪 G 示零,则读出的

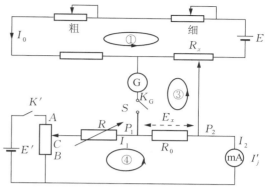

图 10-3 电流表校准电路图

R_x 两端电压为标准值 E_x,可得通过 R_x 的电流真实值为 $I_j=E_x/R_0$.通过比较电流表的显示值 I'_j 和真实值 I_j 的差值 $\Delta I_j=I'_j-I_j$,可以对待校准电流表进行校准.

电位差计校准电流表是通过用电位差计测量标准电阻上的电压来转化成标准电流,从而对电流表各点进行校正.估算电表校准装置的误差,并判断它是否小于电表基本误差限的 1/3,可以得出校验装置是否合理的结论.估算误差时只要求考虑电位差计的基本误差限及标准电阻的误差.

【实验仪器】

UJ31 型低电势直流电位差计(图 10-4)、ZF-302D 型直流稳压电源、DHBC-1 型标准电源、AZ19 型直流检流计、ZX-10 型模拟标准电阻、毫安表、滑动变阻器、电阻箱、导线、电键.

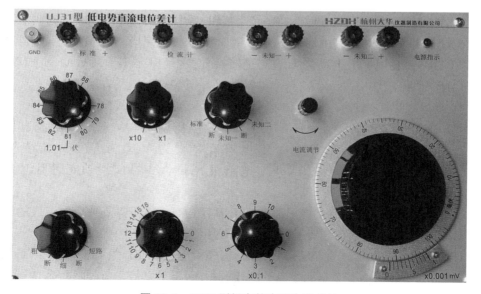

图 10-4 UJ31 型低电势直流电位差计

【实验内容与步骤】

1. 检流计预热

先将 AZ19 型检流计(平衡指示仪 G)面板量程开关打至"表头保护"档,再打开电源预热 15 min.

2. 电路连线

(1) 根据图 10-2 中的电路图连接回路①②③.将电位差计的测量转换开关 S(标准-断-未知 1-断-未知 2 旋钮)和检流计转换开关 K_G(粗-断-细-断-短路旋钮)都置于"断"档,然后逐个回路进行电路连接.电位差计面板上的"标准"正负接线柱连接到标准电源 E_N 的正负接线柱,"检流计"接线柱连接检流计 G,"未知 1"正负接线柱连接到模拟标准电阻 R_0 的 P_1 和 P_2 接线柱,注意各接线柱的极性不能接反.

(2) 按图 10-3 中的电路图连接回路④.从 ZF-302D 型直流稳压电源 E' 出发,将面板右下角红色正极连接至电键 K',再经滑动变阻器 A 端和 B 端回电源负极.滑动变阻器滑动端 C 连接至电阻箱 R,再经模拟标准电阻 R_0 的 I_1 和 I_2 后,连接到被校电流表正极,最后连接电流表负极至电源负极或滑动变阻器 B 端.

3. 检流计调零

将 AZ19 型检流计的量程开关打到"调零"处,调节"调零"旋钮,直到指针指零.将量程开关打到"补偿"处,调节"补偿"旋钮,直到指针指零,再将选择开关打到"100 μV"量程备用.

4. 电位差计校准,设置回路①中的标准电流 $I_0 = 10$ mA

先将电位差计面板上的电阻 R_N 设置为 101.86 Ω(电位差计面板上 R_N 置于 1.018 6 V);倍率开关置于"×10"档(不能置于中间空档处),测量转换开关 S(标准-断-未知 1-断-未知 2 旋钮)置于"标准"档,检流计转换开关 K_G(粗-断-细-断-短路旋钮)置"粗"档.

开启电位差计电源 E 和标准电动势 E_N,调节面板"电流调节"旋钮,直至检流计 G 指零;将检流计转换开关 K_G(粗-断-细-断-短路旋钮)置"细"档,继续调节"电流调节"旋钮,直至检流计 G 指零.此时回路中标准电流 $I_0 = 10$ mA,校准完毕.校准完成后,不得再调节"电流调节"旋钮,关闭标准电动势 E_N,测量转换开关 S(标准-断-未知 1-断-未知 2 旋钮)置于"断"档断路状态.

5. 校准电流表

(1) 开启 ZF-302D 型直流稳压电源 E',输出电压调至 6 V.若被校电流表量程为 100 mA,则模拟标准电阻 R_0 设为 1 Ω,电阻箱 R 设为 50 Ω;若被校电流表量程为 100 μA,则模拟标准电阻 R_0 设为 1 kΩ,电阻箱 R 设为 40 kΩ.滑动变阻器触头滑至 B 端.

(2) 闭合电键 K',移动滑动变阻器触头由 B 滑向 A 方向,调节被校电流表的电流值 $I_j' = 20$ mA.将测量转换开关 S 置于"未知 1",开始测量.按照"×1"、"×0.1"、"×0.001"的顺序调节测量盘电阻 R_x,直至检流计指零,测完后测量转换开关 S 必须置于"断"档.将"×1"、"×0.1"、"×0.001"3 个测量盘上的读数相加,再乘以倍率 10 即为 R_0 两端的电压 E_x.记录电压 E_x,并根据欧姆定理,求出流经被校电流表的真实电流大小 $I_j = E_x / R_0$.用同样的方法依次校准 40 mA，60 mA，80 mA，100 mA 和 100 mA，80 mA，60 mA，40 mA，20 mA.注意 R_0 的正负极千万不能接错！每次改变被校电流值 I'_j 时，测量转换开关 S 必须置于"断"档！

（3）将测量数据填入表 10-1，并计算 $\Delta I_j = I'_j - I_j$.

（4）在坐标纸上画出 ΔI_j-I'_j 折线图.以后使用这个电表时，可以根据校准曲线修正电表的读数.

（5）从 ΔI_j 中找出绝对值最大的一个 $\Delta I_{j\max}$，取其绝对值 $|\Delta I_{j\max}|$ 算出被校表的最大基本误差 $|\Delta I_{j\max}|/I_m$，I_m 是电流表的量程.校验电表的首要任务是根据 $|\Delta I_{j\max}|/I_m$ 是否不大于表的基本误差极限（准确度等级指数 $\alpha/100$），得出被校表是否"合格"的结论.

（6）估算电表校验装置的误差，并判断它是否小于电表基本误差极限的 $1/3$，进而得出校验装置是否合理的初步结论.

【注意事项】

（1）实验中的仪器布局要合理，接线按照逐个回路进行连接，方便操作和出错检查.
（2）各个回路中的电源极性不能接反.
（3）在用电位差计校准电流时，要按照"粗"和"细"依次仔细调节"电流调节"旋钮至电路补偿.
（4）在校准电流表的过程中，每次改变被校电流值时，开关 S 必须置于"断"档.

【数据记录及处理】

1. 校准电流表.

电位差计倍率：＿＿＿$\times 10$＿＿＿，$\Delta U =$＿＿＿＿＿＿μV，被校电流表量程：＿＿＿＿＿.

被校电流表精度等级 α：＿＿＿＿＿，$E_N = $ ＿1.018 6＿ V，$R_0 = $＿＿＿＿＿$\Omega$，$\Delta_{R_0}/R_0 = $ ＿0.01%＿ .

表 10-1　校准电流表数据记录及处理

被检表示值 I'_j/mA	U_x 读数/mA			电流表实际值 $I_j = \left(\dfrac{\overline{U_x}}{R_0}\right)$/mA	$\Delta I_j = I'_j - I_j$/mA
	增加	减少	平均		
20.0					
40.0					
60.0					
80.0					
100.0					

2. 判断电流表是否合格.

将 $|\Delta I_{j\max}|/I_m$ 值与 $\alpha\%$ 比较得出结论.（注：前者小于后者则为合格，反之为不合格.）

$\dfrac{|\Delta I_{j\max}|}{\text{电流表量程}} \times 100\% = $ ＿＿＿＿ $\times 100\% = $＿＿＿ %.

此电流表是否合格？＿＿＿＿＿＿＿＿＿＿＿.

3. 估算电表校验装置误差.

$$\frac{\Delta_I}{I} = \sqrt{\left(\frac{\Delta_{U_x}}{U_x}\right)^2 + \left(\frac{\Delta_{R_0}}{R_0}\right)^2} = \sqrt{\left(0.05\% + \frac{\Delta U}{\overline{U}_x\big|_{\min}}\right)^2 + \left(\frac{\Delta_{R_0}}{R_0}\right)^2} = \underline{\qquad}.$$

将所得结果与 $\frac{1}{3} \times \alpha\%$ 进行比较,判断此校验装置是否合格.(注:前者小于后者则为合格,反之为不合格.)

式中 ΔU 的取值如下:当倍率为"×10"时,取 5 μV;当倍率为"×1"时,取 0.5 μV.

此校验装置是否合格？＿＿＿＿＿＿＿＿＿＿＿.

4. 在坐标纸上画出校正曲线 ΔI_j-I'_j.

【思考题】

1. 电位差计工作原理有什么优点？简述用电位差计测量未知电动势的步骤.

2. 用电位差计测量时为什么要估算并预置测量盘的电位差值？接线时为什么要特别注意电压极性是否正确？

【附录】

电 表

电测仪表的种类有很多,分类的方法也很多.若按仪表的工作原理,可分为磁电系、电磁系、电动系、感应系、整流系等.在物理实验中,绝大多数常用电测仪表都属于磁电系仪表,其读数由指针在标尺上的偏转来显示.这类仪表具有刻度均匀、便于读数、灵敏度和准确度高、阻尼性能好、功耗小、不易受外界磁场和温度影响等优点,缺点是过载能力差、价格较高.磁电系电表可用于直流电的测量,在整个电测仪表中占有极其重要的地位,应用很广泛.

电表面板上通常都有一些符号,这些符号显示电表的工作方式、使用条件、测量对象和范围以及准确度等级等仪表主要参数.表 10-2 给出其中一些常用符号的说明.

表 10-2　常用电表面板符号及其含义

符号	含义	符号	含义	符号	含义
⌓	磁电式	—	直流	☆	绝缘试验电压 500 V
⊓	水平放置	～	交流	Ⅱ	Ⅱ级防外磁场
⊥	竖直放置	⑤.0	准确度等级	Ω/V	内阻表示法

电表的仪器误差 $\Delta_仪$ 主要根据仪器的精确度等级和量程来考虑,其计算公式如下:

$$\Delta_仪 = A_m \times \alpha\%,$$

其中，A_m 表示测量所选用的量程，α 为电表的准确度等级.根据国家 GB776-76 标准,电表按准确度可划分为 7 个级别,即 0.1, 0.2, 0.5, 1.0, 1.5, 2.5, 5.0 级.

　　实际电表测量结果的准确度与很多因素有关,如电表本身的准确度级别、测量场所的环境、测量者的操作水平、电表的量程等.选择准确度较高的电测仪表,对提高测量的精确程度是有好处的.但并不是电表的准确度级别越高,测量结果就一定越准确.单纯追求电表的准确度等级而忽视其他因素,往往使测量结果达不到要求.有时,使用准确度级别较低的仪表,也能得到较为准确的测量结果.全面了解和掌握影响电测仪表准确度的各种因素,是进行有效测量的关键.下面就常用的电流计、电流表和电压表作一简单介绍.

　　1. 电流计(表头)

　　电流计是利用通电流的线圈在永久磁铁的磁场中受到一力偶的作用而发生偏转的原理制成的.在磁场、线圈面积和线圈匝数一定时,偏转角度与电流的大小成正比.它的结构如图 10-5 所示,1 为强磁力的永久磁铁.2 是连接在永久磁铁两端的半圆筒形的"极掌".3 是圆柱形铁芯,它与两极掌间形成气隙,气隙内的磁场呈均匀的辐射状分布.4 是处在气隙中的活动线圈(简称"动圈"),是在一个矩形铝框(有的无铝框)上用很细的绝缘铜线绕制而成的.5 是装在转轴上的指针.6

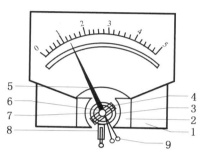

1-永久磁铁；2-极掌；3-铁芯；
4-动圈；5-指针；6-游丝；7-半轴；8-调零螺杆；9-平衡锤

图 10-5　磁电系电表结构

是产生反作用力矩的两个"游丝",游丝的一端固定在仪表内部的支架上,另一端固定在转轴上.当线圈通有电流、受到磁力矩作用带动转轴转动时,游丝也随之被扭转变形,对转轴产生一个反作用力矩.当反作用力矩与磁力矩平衡时,线圈停止转动,指针随即停在一定位置,在标尺上指示出被测量的数值.螺旋方向相反的两个游丝还可兼作把电流引入线圈的引线.7 是固定在动圈两端的"半轴",其轴尖支撑在宝石轴承里,可以自由转动.8 是"调零螺杆",它的一端与游丝相连,在电表未通电时,可调整它使指针指在零位置.9 是平衡锤,连在指针的尾端,与指针分别处于转轴的两边,用来消除重力矩对仪表活动部分的影响,使活动部分平衡.

　　电流计(表头)能直接测量的电流在几十微安到几十毫安之间,也可用于检验电路中有无电流通过(即检流计).如果用它来测量较大的电流,则必须加分流器.

　　2. 电流表

　　电流表的基本结构如图 10-6 所示,它是在电流计(表头)的线圈上并联一个或几个适当的低电阻(称为分流器),用来测量电路中的电流强度.

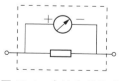

图 10-6　电流表的构造

　　电流表的主要规格体现为量程和内阻.

　　(1) 量程,即电流表所能测量的电流的最大值.实验室用的电流表一般都有几个量程,并有两个或两个以上的接线柱,接线柱旁都标有量程的数值.有些电流表具有多个插孔,小插栓插入某个插孔即选定该量程.

　　(2) 内阻,即电流表两端间的直流电阻.电流表的内阻一般比较小,一般都在 0.1 Ω 以下,而毫安表和微安表的内阻较大,可达几百到几千欧姆.同一电流表的量程不同,其内阻也不同.量程愈大,其内阻愈小.

3. 电压表

电压表的基本结构如图 10-7 所示,它是在电流计的线圈上串联一个或几个适当的高电阻(称为分压器),用来测量某段电路两端的电压.

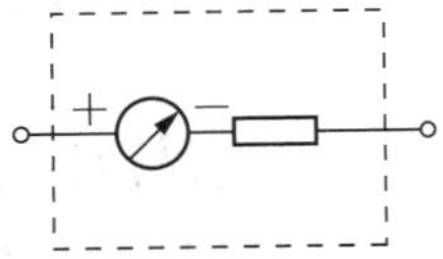

电压表的主要规格也是体现在量程和内阻上.

(1) 量程,即电压表所能测量电压的最大值.实验室用的电压表一般都有几个量程.

图 10-7　电压表的构造

(2) 内阻,即电压表两端间的直流电阻.电压表的内阻一般比较大,同一电压表的不同量程,其内阻也不同.量程愈大,其内阻愈大.但因各量程的每伏欧姆数是相同的,所以伏特计内阻一般统一用"Ω/V"表示.可用下式计算某量程的内阻:

$$内阻＝量程×每伏欧姆数.$$

实验室中常用的电表还有万用表.万用表是一种综合性的测量仪表,可以测量直流电流、电压、电阻、交流电压和音频电平,而且每个测量项目都有几个量程.万用表用途广泛,使用方便,常用于测量、检查线路和仪器设备等.

实验 11　霍尔效应及其应用

　　霍尔效应是美国物理学家霍尔(E. H. Hall, 1855—1938)于 1879 年在研究生求学期间研究金属的导电机制时发现的.当电流垂直于外磁场通过导体时,在垂直于磁场和电流方向的导体的两个端面之间会出现电势差,这一现象称为霍尔效应.

　　在霍尔效应发现约 100 年后,德国物理学家克利青(K. von Klitzing, 1943—　)等在研究极低温度和强磁场中的半导体时发现了量子霍尔效应,这是当代凝聚态物理学令人惊异的进展之一,克利青由此获得了 1985 年的诺贝尔物理学奖.之后,美籍华裔物理学家崔琦(1939—　)和美国物理学家劳克林(R. B. Laughlin, 1950—　)、施特默(H. L. Störmer, 1949—　)在更强磁场下研究量子霍尔效应时发现了分数量子霍尔效应,这个发现使人们对量子现象的认识更进了一步,他们也因此获得了 1998 年的诺贝尔物理学奖.

　　霍尔效应不但是测定半导体材料电学参数的主要手段,而且利用霍尔效应制成的霍尔器件已广泛用于非电量的测量、自动控制和信息处理等方面.在工业生产要求自动检测和控制的今天,作为敏感元件之一的霍尔器件,将有更广泛的应用前景.掌握这一富有实用性的实验,对日后的工作将是十分必要的.

【实验目的】

　　(1) 了解霍尔效应实验原理以及有关霍尔器件对材料要求的知识.
　　(2) 学习用对称测量法消除副效应的影响,测量材料的 U_H-I_S 和 U_H-I_M 曲线.
　　(3) 应用霍尔效应确定半导体材料的性质.

【实验原理】

　　1. 霍尔效应

　　霍尔效应是磁电效应的一种,半导体、导电流体等也有这种效应,而半导体的霍尔效应比金属强得多.磁场会对导体中的载流子(电子或空穴)产生一个垂直于运动方向的作用力,从而在导体的两端产生电势差,这个电势差也被叫做霍尔电压.

　　从本质上讲,霍尔效应是运动的载流子(电子或空穴)在磁场中受洛伦兹力作用而引起的偏转.当载流子(电子或空穴)被约束在固体材料中,这种偏转就导致在垂直于电流和磁场的方向上产生正负电荷的聚积,从而形成附加的横向电场.

　　以金属导体为例,如图 11-1 所示,将通有电流 I_S 的方形导体置于磁场 B 中,磁场方向垂直导体

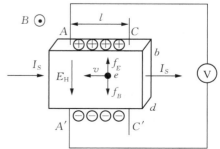

图 11-1　霍尔效应原理图

向外,电流 I_S 方向水平向右,则导体中电子运动方向与电流 I_S 方向相反,水平向左.运动电子在磁场中会受到向下的洛仑兹力,电子在运动前进的同时将向下发生偏转,并聚集于 A' 一侧,A 侧带正电.聚集的电子将产生一个横向电场 E_H,直到电场对电子的作用力与洛仑兹力相抵消为止,这时电荷在导体中流动时不再偏转,达到动态平衡,上下表面 AA' 之间形成稳定电压,这就是霍尔电压.由平衡时电子电场力等于洛仑兹力得

$$eE_H = evB, \tag{11-1}$$

其中,E_H 为霍尔电场,v 是载流子在电流方向上的平均漂移速度.设试样宽度为 b,厚度为 d,载流子浓度为 n,有

$$I_S = nevbd. \tag{11-2}$$

由(11-1)式和(11-2)式可得霍尔电压 U_H,

$$U_H = E_H b = \frac{I_S B}{ned} = R_H \frac{I_S B}{d} = K_H I_S B, \tag{11-3}$$

$R_H = 1/ne$ 称为霍尔系数,是反映材料霍尔效应强弱的重要参数.比例系数 $K_H = R_H/d = 1/ned$ 称为霍尔传感器的灵敏度,单位为 $V/(A \cdot T)$.一般要求 K_H 愈大愈好.K_H 与载流子浓度 n 成反比,半导体内载流子浓度远比金属载流子浓度小,所以,通常都用半导体材料制作霍尔元件.K_H 与材料片厚 d 成反比,为了增大 K_H 值,霍尔传感器通常都做得很薄.

根据霍尔效应制作的霍尔传感器是一个换能器,就是以磁场为工作媒体,将物体的运动参量转变为数字电压的形式输出,使之具备传感和开关的功能.霍尔传感器实用于测量磁场,还可测量产生和影响磁场的物理量,如被用于接近开关、位置测量、转速测量和电流测量设备.凭借其结构简单、频率响应范围宽(高达 10 GHz)、寿命长、可靠性高等优点,霍尔传感器也广泛用于非电量的测量、自动控制和信息处理等方面.在现代汽车上广泛应用的霍尔传感器有分电器中的信号传感器、ABS 系统中的速度传感器、汽车速度表和里程表、发动机转速及曲轴角度传感器、各种开关等.

2. 用霍尔效应确定半导体材料的性质

在磁场、磁路等磁现象的研究和应用中,霍尔传感器是不可缺少的.利用霍尔传感器检测磁场直观、干扰小、灵敏度高、效果明显.随着半导体物理学的迅猛发展,霍尔系数和电导率的测量已经成为研究半导体材料的主要方法之一.通过实验测量半导体材料的霍尔系数和电导率,可以判断材料的导电类型、载流子浓度、载流子迁移率等主要参数.若能测得霍尔系数和电导率随温度变化的关系,还可以求出半导体材料的杂质电离能和材料的禁带宽度.

(1) 判断半导体材料的导电类型.

如图 11-2(a)所示,参与导电的多数载流子是电子,是 N 型半导体霍尔元件.若沿 x 方向通以电流 I_S,沿 z 方向加磁场 B,自由电子在磁场中进行定向漂移,受到洛仑兹力作用而向下偏转.在样品下表面将出现负电荷积累,在上表面会形成正电荷积累.在样品的 AA' 间建立起沿 y 轴负方向的电场 E_H,此时测得霍尔电压 $U_H = U_{AA'} < 0$,即点 A 的电势

高于点 A' 的电势,则 R_H 为负.如图 11-2(b)所示,参与导电的多数载流子是带正电的空穴,是 P 型半导体霍尔元件.若沿 x 方向通以电流 I_S,沿 z 方向加磁场 B,空穴在磁场中进行定向漂移,受到洛仑兹力作用而向下偏转.在样品下表面将出现正电荷积累,在上表面会形成负电荷积累.在样品的 AA' 间建立起沿 y 轴正方向的电场 E_H,此时测得霍尔电压 $U_H=U_{AA'}>0$,即点 A' 的电势高于点 A 的电势,则 R_H 为正.因此,

$$U_H<0 \Rightarrow \text{N 型半导体};$$

$$U_H>0 \Rightarrow \text{P 型半导体}.$$

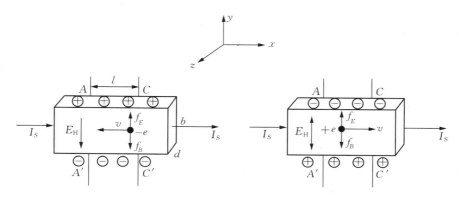

（a）多数载流子为电子(N 型)　　（b）多数载流子为空穴(P 型)

图 11-2　不同半导体材料类型的霍尔效应图

(2) 霍尔系数.

根据(11-3)式,已知 E_H,I_S,B 和 d,可计算霍尔系数 R_H,

$$R_H=\frac{U_H d}{I_S B}(\text{m}^3/\text{C}).\tag{11-4}$$

(3) 导体材料载流子浓度.

由霍尔系数可得载流子数密度 n 为

$$n=\frac{1}{|R_H|\cdot e}.\tag{11-5}$$

(4) 电导率.

如图 11-1 所示,设 AC 间的距离为 l,样品的横截面积为 $S=bd$,流经样品的电流为 I_S.在磁场为零时,若测得 AC 间的电势差为 U_σ(即 U_{AC}),根据欧姆定律与电阻的定义,可知

$$\frac{U_\sigma}{I_S}=R=\rho\frac{l}{S}.$$

电导率 σ 为

$$\sigma=\frac{1}{\rho}=\frac{I_S}{U_\sigma}\frac{l}{S}=\frac{I_S l}{U_\sigma bd},\tag{11-6}$$

其中,电导率 σ 为电阻率 ρ 的倒数,U_σ 为一段长为 l 的电阻 R 通有电流 I_S 时的两端电压.

(5) 载流子的迁移率.

根据电导率 σ 与载流子浓度 n 以及迁移率 μ 之间的关系 $\sigma=ne\mu$,可知实验测出 σ 值,即可求出 μ,

$$\mu=|R_H|\sigma. \tag{11-7}$$

3. 霍尔效应副效应的消除

值得注意的是,在产生霍尔效应的同时,因伴随着各种副效应,实验测得的 AA' 两极间的电压并不等于真实的霍尔电压 U_H,而是包含各种副效应所引起的附加电压,会造成系统误差,因此必须设法消除.

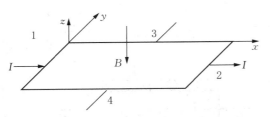

图 11-3　霍尔效应副效应简图

如图 11-3 所示,由于电子速度不同,在 3 和 4 侧面出现温差,从而产生温差电动势 U_E,称为厄廷豪森(Etinghausen)效应.焊点 1 和 2 间接触电阻不同,因通电发热程度不同引起热扩散电流,也会在 3 和 4 点间形成电势差 U_N,称为能斯特(Nernst)效应.能斯特效应的热扩散电流的载流子由于速度不同,同样具有厄廷豪森效应,又会在 3 和 4 点间形成温差电动势 U_R,称为里纪-勒杜克(Righi-Leduc)效应.由于制造上的困难及材料的不均匀性,即使未加磁场时 3 和 4 两点实际上也会出现电势差 U_0,称为不等电势效应引起的电势差 U_0.

综上所述,在确定的磁场 B 和电流 I_S 的情况下,实际测出的电压是 U_H,U_E,U_N,U_R 和 U_0 这 5 种电压的代数和.应根据副效应的性质改变实验条件,尽量消减它们的影响.具体做法如下(磁场 B 的方向与励磁电流 I_M 的方向关系一一对应).

(1) 给样品加 $(+B,+I_S)$ 时,测得 3 和 4 两端横向电压为 $U_1=U_H+U_E+U_N+U_R+U_0$;

(2) 给样品加 $(+B,-I_S)$ 时,测得 3 和 4 两端横向电压为 $U_2=-U_H-U_E+U_N+U_R-U_0$;

(3) 给样品加 $(-B,+I_S)$ 时,测得 3 和 4 两端横向电压为 $U_3=-U_H-U_E-U_N-U_R+U_0$;

(4) 给样品加 $(-B,-I_S)$ 时,测得 3 和 4 两端横向电压为 $U_4=U_H+U_E-U_N-U_R-U_0$.

由以上 4 式可得 $U_1-U_2+U_3-U_4=4U_H+4U_E$,即

$$U_H=\frac{U_1-U_2+U_3-U_4}{4}-U_E\approx\frac{U_1-U_2+U_3-U_4}{4}. \tag{11-8}$$

通常 U_E 比 U_H 小得多,可以略去不计,因此,霍尔电压通过对称测量法尽量消除了副效应的影响.

【实验仪器】

BEX-8508A 型霍尔效应实验仪如图 11-4 所示,其面板如图 11-5 所示.

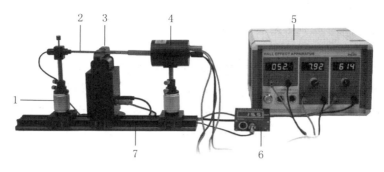

1-特斯拉计固定支架;2-特斯拉计探头;3-U 型磁场线圈;4-霍尔效应探测单元;5-霍尔效应实验仪;
6-特斯拉计;7-导轨

图 11-4 BEX-8508A 型霍尔效应实验仪

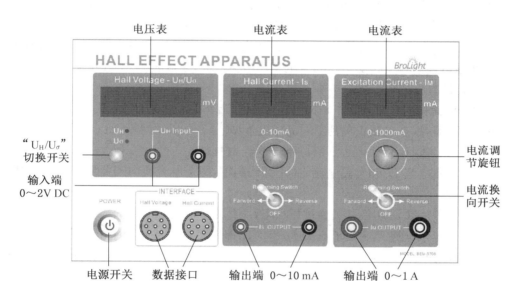

图 11-5 BEX-8508A 型霍尔效应实验仪面板

【实验内容与步骤】

1. 熟悉实验仪器,连接霍尔效应实验仪的导线.

(1)用护套连接线把磁场线圈连接到霍尔效应实验仪"Excitation Current-I_M"的"0-1 000 mA"电流输出端.

(2)用香蕉插头线连接霍尔效应实验仪"Hall Current-Is"的"0-10 mA"电流输出端到霍尔效应探测单元的"Is"端口.

(3)用香蕉插头线连接霍尔效应实验仪的霍尔电压输入端口"U_H Input"到霍尔效应探测单元的"U_H"端口.

(4)把特斯拉计探头连接到 BEM-5032A 仪表的"PROBE"上.

(5)连接各个设备的电源线,用电源线连接设备后面的"AC POWER CORD, AC

110—120 V～/220—240 V～，50/60 Hz"插口和市电插座.

（6）将霍尔探头移动到电磁场的磁隙中间,开启电源开关,开始测量.

2. 测绘 U_H-I_S 曲线.

（1）设置"U_H/U_G"切换开关为弹起状态,准备测量霍尔电压.

（2）霍尔电流 I_S 和励磁电流 I_M 全部调到零,两个电流换向开关均置于正向"Forward".左侧"Forward"表示电流方向为正向,右侧"Reverse"表示电流方向为负向.

（3）调节励磁电流"Excitation Current"旋钮,使 $I_M = 500$ mA,记录霍尔传感器磁场 B 的大小.

（4）按照表 11-1 所示慢慢地增大霍尔电流 I_S,依次读出霍尔电压 U_H,填入表 11-1 的第一列.通过换向开关改变 I_S 和 I_M 的输出电流方向,完成表 11-1 的填写.

3. 测绘 U_H-I_M 曲线.

（1）霍尔电流 I_S 和励磁电流 I_M 全部调到零,两个电流换向开关均置于正向"Forward".

（2）调节霍尔电流"Hall Current"旋钮,使得 $I_S = 5.00$ mA.

（3）按照表 11-2 所示慢慢地增大励磁电流 I_M,依次读出霍尔电压 U_H,填入表 11-2 的第一列.通过换向开关改变 I_S 和 I_M 的输出电流方向,完成表 11-2 的填写.

4. 确定样品的导电类型.

将两个电流换向开关均置于正向"Forward",调节 $I_S = 2.00$ mA, $I_M = 500$ mA,记录霍尔电压 U_H 值,根据电压正负判断样品导电类型.

5. 测量 U_σ 值,计算材料电导率 σ 和迁移率 μ（选做）.

（1）将霍尔电流 I_S 和励磁电流 I_M 全部调到零,两个电流换向开关均置于正向"Forward".

（2）设置"U_H/U_G"切换开关为按压状态,准备测量电压 U_σ.

（3）调节霍尔电流 $I_S = 2.00$ mA（$I_M = 0$ T,即零磁场条件）,记录电压表显示的电压 U_σ,根据实验结果计算 σ 和 μ 值.（已知霍尔元件尺寸如下:长 $l = 3.9$ mm,宽 $b = 2.3$ mm,厚 $d = 1.2$ mm.）

6. 关机前,应将霍尔电流 I_S 和励磁电流 I_M 旋钮沿逆时针方向旋到底,使其输出电流趋于零,然后才可切断电源、整理仪器.

【注意事项】

（1）测试前要确认霍尔传感器探头置于 U 形励磁线圈的中心位置.

（2）霍尔电流 I_S 和励磁电流 I_M 的方向可通过调整霍尔效应实验仪的换向开关来改变,左侧"Forward"表示电流方向为正向,右侧"Reverse"表示电流方向为负向.

（3）测量霍尔电压 U_H 时,应设置"U_H/U_G"切换开关为弹起状态;测量 AC 间的电势差 U_σ 时,要设置"U_H/U_G"切换开关为按压状态.

（4）测量记录 U_1, U_2, U_3, U_4 时,注意不要忘记记录正负号.

【数据记录及处理】

1. 记录 U_H-I_S 实验数据,并用毫米方格纸画出 U_H-I_S 直线.

表 11-1 $I_M=500$ mA 时 U_H-I_S 实验数据记录及处理

磁场强度 $B=$_____mT

I_S/mA	U_1/mV	U_2/mV	U_3/mV	U_4/mV	$\overline{U}_H=\dfrac{U_1-U_2+U_3-U_4}{4}$/mV
	$+B/I_M$, $+I_S$	$+B/I_M$, $-I_S$	$-B/I_M$, $+I_S$	$-B/I_M$, $-I_S$	
1.00					
1.50					
2.00					
2.50					
3.00					
3.50					
4.00					

2. 记录 U_H-I_M 实验数据,并用毫米方格纸画出 U_H-I_M 直线.

表 11-2 $I_S=5.00$ mA 时 U_H-I_M 实验数据记录及处理

I_M/mA	U_1/mV	U_2/mV	U_3/mV	U_4/mV	$\overline{U}_H=\dfrac{U_1-U_2+U_3-U_4}{4}$/mV
	$+B/I_M$, $+I_S$	$+B/I_M$, $-I_S$	$-B/I_M$, $+I_S$	$-B/I_M$, $-I_S$	
300					
400					
500					
600					
700					
800					

3. 根据表 11-1 中的数据,找出 $I_S=2.00$ mA 和 $I_M=500$ mA 时的霍尔电压 $\overline{U}_H=$ _____mV,确定样品的导电类型为_____型(P 型或 N 型).

4. 根据 $I_S=2.00$ mA 和 $I_M=500$ mA 时的 $\overline{U}_H$,求 R_H 和 n.

霍尔系数 $R_H=\dfrac{U_H d}{I_S B}=$ _____(m^3/C);

载流子浓度 $n=\dfrac{1}{|R_H|\cdot e}=$ _____(个/m^3).

5. 计算 σ 和 μ 值.(可选做)

电导率 $\sigma=\dfrac{I_S l}{U_\sigma b d}=$ _____(S/m);

迁移率 $\mu=|R_H|\sigma=$ _____($m^2\cdot V^{-1}\cdot S^{-1}$).

【思考题】

1. 霍尔电压是怎样形成的? 如何利用霍尔效应判断半导体材料的导电类型?

2. 实验中磁场 B 是怎么实现改变方向的?

实验 12　霍尔法测线圈磁场

　　磁感应强度是电磁学中描述磁场性质的基本物理量.测量磁场是电磁测量技术的一个重要分支,在工业生产、国防科技、科学研究中都有重要意义,如磁探矿、磁悬浮、地质勘探、磁导航、同位素分离、质谱仪等,都需要测量磁场.测量磁场在医学和生物学方面也有许多应用.例如,磁场疗法用"心磁图"和"脑磁图"来诊断疾病,环境磁场对生物和人体的作用等都需要磁场测量技术.

　　测量磁场的方法有很多,如磁力法、电磁感应法、冲击电流计法、霍尔效应法、核磁共振法、天平法、光泵法、磁光效应法等.霍尔效应法测量磁场具有原理简单、方法简便以及灵敏度高等优点.集成霍尔传感器被广泛应用于磁场测量,灵敏度高,体积小,易于在磁场中移动和定位.本实验学习霍尔法测量直流圆线圈和亥姆霍兹线圈轴线上各点的磁感应强度,比较磁感应强度的测量值和理论值,并验证磁场的叠加原理.

【实验目的】

　　(1) 了解霍尔效应法测量磁场的原理,掌握磁场测量实验仪的使用方法.
　　(2) 理解直流圆线圈与亥姆霍兹线圈的轴向磁场分布情况.
　　(3) 测量直流圆线圈和亥姆霍兹线圈轴线上的磁场分布.

【实验原理】

　　1. 直流圆线圈轴线上的磁场

　　半径为 R、通以直流电流 I 的圆线圈,其轴线上距离圆线圈中心为 x m 处的磁感应强度 B 的表达式为

$$B = \frac{\mu_0 N_0 I R^2}{2(R^2 + x^2)^{3/2}},\tag{12-1}$$

其中,N_0 为圆线圈的匝数,x 为轴上某一点到圆心 O 的距离,$\mu_0 = 4\pi \times 10^{-7}$ H/m.磁场大小的分布如图 12-1 所示,是一条关于 B 轴对称的单峰曲线,在圆心处磁场最大,轴线上距离圆心相同的点有相同的磁场大小,距离圆心越远则磁场越小.

　　在本实验中,$N_0 = 500$ 匝,$I = 320$ mA,$R = 0.100$ m,可得圆心 O 处($x = 0$)磁感应强度 $B = 1.005\,3 \times 10^{-3}$ T.

　　2. 亥姆霍兹线圈轴线上的磁场

　　两个半径 R、匝数完全相同的圆线圈,通有相同方向的电流 I,彼此平行且共轴放置.两个直流圆线圈周围磁场叠加,当线圈间距等于其半径 R 时,在两线圈圆心相连的轴线上,形成大范围的匀强磁场,这样的一对线圈称为亥姆霍兹线圈.理论计算也可以证明这

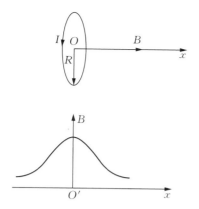

图 12-1　直流圆线圈轴线上的磁场分布

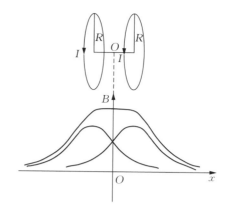

图 12-2　亥姆霍兹线圈轴线上的磁场分布

种线圈的特点如下:能在两圆心的轴线中间附近产生较广的均匀磁场区域,公共轴线两圆心外磁场逐渐减小.如图 12-2 所示,磁场分布曲线在两线圈中心连线处出现一个平台,即轴线上的匀强磁场.

　　用亥姆霍兹线圈可以产生极微弱的磁场直至数百高斯的磁场.该线圈均匀区体积大,使用空间开阔,操作简便,可实现一维、二维、三维组合磁场,可提供交、直流磁场,电流与磁场有很好的线性关系,在工业生产和科学实验中应用广泛.例如,显像管中的行偏转线圈和场偏转线圈就是根据实际情况经过适当变形的亥姆霍兹线圈.

　　3. 霍尔法测磁场的原理

　　将通有电流 I 的导体置于磁场中,则在垂直于电流 I 和磁场 B 的方向产生一个电势差 U_H,这一现象称为霍尔效应,U_H 称为霍尔电压.从本质上讲,霍尔效应是运动的载流子(电子或空穴)在磁场中受洛仑兹力作用而引起的偏转.当载流子(电子或空穴)被约束在固体材料中,这种偏转就导致在垂直于电流和磁场的方向产生正负电荷的聚积,从而形成附加的横向电势差.

　　如图 12-3 所示,设霍尔元件是由均匀的 N 型(载流子是电子)半导体材料制成的矩形薄片,其厚度为 d,宽度为 b.当磁场 B 垂直薄片向外,水平向右的电流 I_S 通过霍尔元件时,电子在磁场中必将受到向下的洛仑兹力,

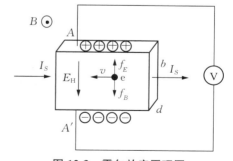

图 12-3　霍尔效应原理图

$$f_B = evB, \qquad (12\text{-}2)$$

其中,e 为电子电荷,v 是载流子在电流方向的平均漂移速率.洛仑兹力使电子产生横向的偏转,并聚集于样品下边界 A' 侧,A 侧带正电.聚集的电子将产生一个横向电场 E_H,直到电场对电子的电场力 $f_E = eE_H$ 与磁场作用的洛仑兹力相抵消为止,即

$$evB = eE_H. \qquad (12\text{-}3)$$

电荷在样品中流动时不再偏转,霍尔电压($U_H = E_H b$)就是由这个电场建立起来的.

如果是 P 型样品,则横向电场与前者相反,所以,P 型样品和 N 型样品的霍尔电压有不同的符号,据此可以判断霍尔元件的导电类型.

设 N 型样品的载流子密度为 n,通过样品的电流 $I_s = nevdb$,则电子的漂移速率 $v = I_s/endb$.将 $E_H = U_H/b$ 代入(12-3)式,有

$$U_H = \frac{I_s B}{ned} = R_H \frac{I_s B}{d},\tag{12-4}$$

其中,$R_H = 1/ne$ 称为霍尔系数,是反映材料霍尔效应强弱的重要参数.在实际应用中,(10-4)式一般写成

$$U_H = K_H I_s B.\tag{12-5}$$

比例系数 $K_H = R_H/d = 1/end$ 称为霍尔元件的灵敏度,单位为 V/(A·T).一般要求 K_H 愈大愈好.K_H 与载流子浓度 n 成反比,半导体内载流子浓度远比金属载流子浓度小,所以,通常都用半导体材料制作霍尔元件.又因 K_H 与材料片厚度 d 成反比,为了增大 K_H 值,霍尔元件都做得很薄.由(12-5)式可以看出,知道霍尔片的灵敏度 K_H,只要分别测出霍尔电流 I_s 及霍尔电压 U_H,就可以算出磁场 B 的大小,这就是霍尔效应测量磁场的原理,由此生产的霍尔传感器也称为特斯拉计.霍尔传感器除了用于测量磁场,还可用于测量产生和影响磁场的非电量,广泛应用于自动控制和信息处理等领域,如接近开关、位置测量、转速测量和电流测量等.

【实验仪器】

DH4501D 型霍尔法亥姆霍兹线圈磁场实验仪如图 12-4 所示.

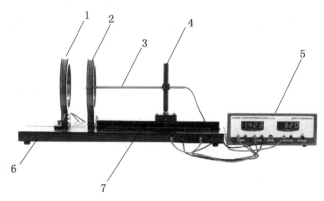

1-可移动线圈;2-固定线圈;3-传感器探头和固定铜杆;4-标杆;5-亥姆霍兹线圈磁场实验仪;6-底板;7-导轨

图 12-4　DH4501D 型霍尔法亥姆霍兹线圈磁场实验仪

【实验内容与步骤】

1. 测量直流圆线圈轴线上磁场的分布

(1)准备:在开机前先将励磁电流调节到最小,即按照面板上指示方向将电位器调节

到最小,以防冲击电流将霍尔传感器损坏.

（2）连线：用连接线将励磁电流输出端连接到可移动圆线圈,霍尔传感器的信号插头连接到测试架后面板的专用四芯插座,霍尔工作电压和磁场强度连接线与测试架底板右侧插孔（左正右负）一一对应连接好.

（3）调整：将测试架上可移动线圈移动至标尺 5 cm 处（$R/2$ 处）.铜杆水平方向固定于 R 处,竖直方向固定在标杆刻度尺 0 cm 处,紧固螺母使铜杆及霍尔元件水平地位于直流圆线圈轴线上.当移动滑块至导轨刻度尺"0"位置时,铜杆左端内霍尔传感器恰好位于可移动线圈圆心处.

（4）预热：仪器使用前,打开实验仪背面电源开关,先开机预热 10 min.这段时间可以请实验者熟悉亥姆霍兹线圈测试架和磁场测量仪的构成、各个接线端子的正确连线方法,以及仪器的正确操作方法.

（5）校零：调节仪器面板的励磁电流 $I_M = 0.000$ mA,长按"零点调节"按钮 3 s 以上,使霍尔传感器显示磁场 $B = 0.000$ mT,完成仪器调零校准.

（6）测量：轻轻旋转励磁电流调节旋钮,调节励磁电流 $I_M = 320$ mA,以圆电流线圈中心为坐标原点,每隔 1.0 cm 测量一个磁场 B 值,并将实验数据填入表 12-1（在测量过程中注意保持励磁电流值不变）.

（7）作图：根据测量的实验数据,在坐标纸上画出直流圆线圈轴线上的 B-x 实验曲线和理论曲线.

2. 测量亥姆霍兹线圈轴线上磁场的分布

（1）准备：调节仪器面板的励磁电流 $I_M = 0.000$ mA,将可移动线圈移到导轨刻度尺为 10 cm 处（R 处）,使两线圈的距离为 R,组成亥姆霍兹线圈.移动滑块至导轨刻度尺"0"位置时,铜杆左端霍尔传感器恰好位于亥姆霍兹线圈轴线中心.

（2）连线：利用导线将两个圆线圈串联起来（注意极性不要接反）,接到磁场测试仪的励磁电流 I_M 输出端钮.

（3）调零：长按"零点调节"按钮 3 s 以上,使磁场显示 $B = 0.000$ mT,完成仪器调零校准.

（4）测量：调节励磁电流 $I_M = 320$ mA,以亥姆霍兹线圈中心为坐标原点,每隔 1.0 cm 测量一个磁场 B 值,并将实验数据记录到表 12-2 中（在测量过程中注意保持励磁电流值不变）.

（5）作图：根据测量的实验数据,在坐标纸上画出亥姆霍兹线圈轴线上的 B-x 实验曲线.

【注意事项】

（1）在开机前先将励磁电流调节到最小,即按照面板上的指示方向将电位器调节到最小,以防冲击电流损坏霍尔传感器.

（2）测试架左边的线圈为可移动线圈,右边的线圈为固定线圈.移动可动线圈的方法如下：先松开固定线圈用的螺栓,再把线圈平行移动到合适的位置（直流圆线圈在标尺 0 cm 处（$R/2$ 处）,亥姆霍兹线圈在标尺 5 cm 处（R 处）.

（3）在测量直流圆线圈和亥姆霍兹线圈磁场前,都要进行调零校准.调零校准可以消除地磁场、环境杂散干扰磁场及不平衡电势的影响.

（4）测量直流圆线圈磁场时,励磁电流仅接线到左侧可移动线圈;测量亥姆霍兹线圈磁场时,励磁电流通过两个线圈,两个线圈为串联,注意极性不要接反.

【数据记录及处理】

1. 分析直流圆线圈轴线上磁场分布.

根据实验值与理论值,计算相对误差,并以直流圆线圈中心为坐标原点,在同一坐标纸上画出 B-x 实验曲线与理论曲线.

表 12-1　直流圆线圈轴线上磁场分布数据记录及处理

霍尔传感器坐标/刻度尺 x/cm	−12.0	−11.0	−10.0	−9.0	−8.0	−7.0	−6.0	−5.0
磁感应强度 B/μT								
$B=\dfrac{\mu_0 N_0 I R^2}{2(R^2+x^2)^{3/2}}$/μT	263	306	355	413	478	553	634	719
相对误差/%								
霍尔传感器坐标/刻度尺 x/cm	−4.0	−3.0	−2.0	−1.0	0	1.0	2.0	3.0
磁感应强度 B/μT								
$B=\dfrac{\mu_0 N_0 I R^2}{2(R^2+x^2)^{3/2}}$/μT	805	883	948	990	1 005	990	948	883
相对误差/%								
霍尔传感器坐标/刻度尺 x/cm	4.0	5.0	6.0	7.0	8.0	9.0	10.0	11.0
磁感应强度 B/μT								
$B=\dfrac{\mu_0 N_0 I R^2}{2(R^2+x^2)^{3/2}}$/μT	805	719	634	553	478	413	355	306
相对误差/%								

2. 分析亥姆霍兹线圈轴线上的磁场分布.

以亥姆霍兹线圈中心为坐标原点,在坐标纸上画出 B-x 实验曲线.

表 12-2　亥姆霍兹线圈轴线上磁场分布数据记录及处理

霍尔传感器坐标/刻度尺 x/cm	−12.0	−11.0	−10.0	−9.0	−8.0	−7.0	−6.0	−5.0
磁感应强度 B/μT								
霍尔传感器坐标/刻度尺 x/cm	−4.0	−3.0	−2.0	−1.0	0	1.0	2.0	3.0
磁感应强度 B/μT								
霍尔传感器坐标/刻度尺 x/cm	4.0	5.0	6.0	7.0	8.0	9.0	10.0	11.0
磁感应强度 B/μT								

【思考题】

1. 亥姆霍兹线圈是怎样组成的? 它的磁场分布有什么特点?

2. 试分析直流圆线圈磁场分布理论值与实验值的误差产生原因.

实验 13　示波器的原理和使用

示波器是一种用途广泛的基本电子测量仪器,用它能观测电信号的波形、幅度和频率等参数.示波器有模拟示波器和数字存储示波器之分.传统的模拟示波器是利用由高速电子组成的电子束打在涂有荧光物质的屏面上以产生细小的光点,在被测信号的作用下,电子束就好像一支笔的笔尖,在屏面上描绘出被测信号的瞬时变化曲线.数字存储示波器(又称数字示波器)是近代迅速发展的一种新型示波器,它是模拟示波技术、数字化测量技术以及计算机技术融合发展的产物,其内部采用大规模集成电路和微处理器,整个仪器在控制程序的统一"指挥"下工作,具有很高的采样速率,能够对波形信息进行长期存储.数字示波器除了能观察、测量常规的电信号外,能捕捉并存储单次或瞬变信号,还可以进行数字计算和数据处理,功能扩展十分方便,比模拟示波器具有更广泛的发展应用前景.数字示波器与模拟示波器在电路结构和原理上有许多不同之处,二者的工作原理也不尽相同,但模拟示波器的基本原理是数字示波器的基础.

【实验目的】

(1) 了解模拟示波器的基本结构和工作原理,掌握信号波形的形成原理.

(2) 学会使用数字示波器观测电信号波形,测量波形的电压幅值以及频率等重要参数.

(3) 理解李萨如图的物理含义,学会使用数字示波器调节李萨如图.

【实验原理】

1. 模拟示波器

模拟示波器包括如图 13-1 所示的几个基本组成部分:示波管(又称阴极射线管,简称 CRT)、垂直放大电路(Y 放大)、水平放大电路(X 放大)、扫描信号发生器(锯齿波发生器)、触发同步电路、电源等.

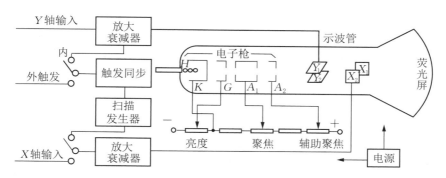

图 13-1　模拟示波器结构

（1）示波管的基本结构.

示波管主要由电子枪、偏转系统和荧光屏 3 个部分组成.

① 电子枪.电子枪由灯丝 H、阴极 K、控制栅极 G、第一阳极 A_1、第二阳极 A_2 共 5 部分组成.灯丝通电后加热阴极,阴极是一个表面涂有氧化物的金属圆筒,被加热后发射电子.控制栅极是一个顶端有小孔的圆筒,套在阴极外面.它的电势比阴极低,对阴极发射出来的电子起控制作用,只有初速度较大的电子才能穿过栅极顶端的小孔,然后在阳极加速下"奔"向荧光屏.示波器面板上的"辉度"调整就是通过调节栅极 G 的电势,来控制射向荧光屏的电子流密度以改变屏上的光斑亮度.阳极电位比阴极电位高很多,电子被它们之间的电场加速形成电子束.当控制栅极 G、第一阳极 A_1 与第二阳极 A_2 之间的电势调节合适时,电子枪内的电场对电子束有聚集作用.第二阳极电势更高,又称加速阳极.面板上的"聚集"调节就是调第一阳极 A_1 的电势,使荧光屏上的光斑成为明亮、清晰的小圆点.

② 偏转系统.偏转系统由两对互相垂直的偏转板组成,一对竖直偏转板 Y_1 和 Y_2,一对水平偏转板 X_1 和 X_2.在偏转板上加以适当电压,当电子束通过时,其运动方向发生偏转,从而使电子束在荧光屏上产生的光斑位置也发生改变.容易证明,光点在荧光屏上偏移的距离与偏转板上所加的电压成正比,因而可将电压的测量转化为屏上的光斑偏离距离的测量,这就是示波器测量电压的原理.

③ 荧光屏.屏上涂有荧光粉,电子打上去它就发光,形成光斑.荧光屏前有一块透明的、带刻度的坐标板,供测定光点的位置使用.

（2）波形显示原理.

① X 轴和 Y 轴偏转板都不加电压时,阴极发射的电子束不发生偏转,而是做直线运动轰击荧光屏中心.在屏幕中心会出现一个亮点,如图 13-2(a)所示.

② 如果只在竖直偏转板（Y 轴）上加一正弦电压,则电子只在竖直方向随电压变化往复运动.如果电压频率较高,由于人眼的视觉暂留现象,则看到的是一条竖直亮线,其长度与正弦信号电压的峰-峰值成正比,如图 13-2(b)所示.

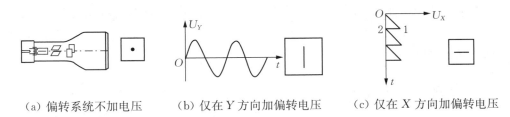

(a) 偏转系统不加电压　　(b) 仅在 Y 方向加偏转电压　　(c) 仅在 X 方向加偏转电压

图 13-2　模拟示波器在不同情况下的波形显示

③ 仅在水平偏转板加一扫描（锯齿）电压.为了能使 Y 方向所加的电压 $U_Y(t)$ 在空间展开,需在水平方向形成一时间轴（t 轴）,此时间轴可通过在水平偏转板加如图 13-2(c)所示的锯齿电压 $U_X(t)$ 来实现.该电压在设定周期 T 内随时间成线性关系达到最大值 U_x,可使电子束在屏上产生的亮点随时间匀速水平移动,最后到达屏的最右端.当到达设定周期 T 后,电压又由最大值 U_x 瞬间变为零,即亮点又从屏的最右端回到最左端.如此重复

变化,若频率足够高的话,则在屏上形成一条如图 13-2(c)所示的水平亮线,即时间轴.

④ 常规显示波形.如果在 Y 偏转板加一正弦电压(实际上任何想要观察的波形均可),同时在 X 偏转板加一锯齿电压,电子束受竖直、水平两个方向的力的作用,电子的运动是两相互垂直运动的合成.如果保证正弦波到达 I_Y 点时,锯齿波正好到达 I 点,则亮点恰好扫完一个周期的正弦曲线.由于锯齿波马上复原,亮点又回到 A 点,再次重复这一过程,光点所画的轨迹和第一周期的完全重合,所以在屏上显示出一个稳定的波形,这就是所谓的同步,其原理如图 13-3 所示.同步的一般条件如下:

$$T_X = nT_Y, \quad n = 1, 2, 3, \cdots, \tag{13-1}$$

其中,T_X 为锯齿波周期,T_Y 为正弦周期.若 $n=3$,则能在屏上显示出 3 个完整周期的波形.X 为水平方向上显示一个周期的格数,Y 为竖直方向上显示波形电压峰-峰值 V_{pp} 的格数.计算如图 13-4 所示波形 V_{pp} 和 T 的方法如下:

$$V_{pp} = Y \cdot \text{V/div}, \quad T = X \cdot \text{Time/div} \tag{13-2}$$

其中,Y 为波形在屏上所占垂直格数,X 为波形一个周期在屏上所占水平格数.注意要估读至信号所占小格的个数,"V/div"及"Time/div"分别为信号垂直档位及水平时基.

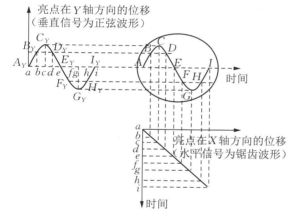

图 13-3 稳定波形显示原理

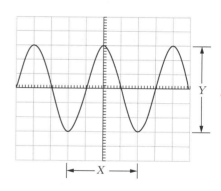

图 13-4 正弦波电压波形

(3) 李萨如图形.

如果示波器 X 轴和 Y 轴偏转板上输入的都是正弦电压信号,屏幕上亮点的运动将是两个相互垂直振动的合成.当这两个正弦电压信号的频率成简单整数比时,屏幕上亮点的运动轨迹将是一个稳定的闭合曲线,叫做李萨如图形.

如果作一个限制光点 X,Y 方向变化范围的假想方框,则在图形与此框相切时,竖边切点数 n_Y 与横边切点数 n_X 之比恰好等于 X 和 Y 输入的两正弦信号的频率之比,即 $f_X : f_Y = n_Y : n_X$.若出现有端点与假想边框相接的图形时,应把一个端点计为 1/2 个切点,所以,利用李萨如图形能方便地比较两正弦电压信号的频率.图 13-5 为不同频率比的李萨如图.

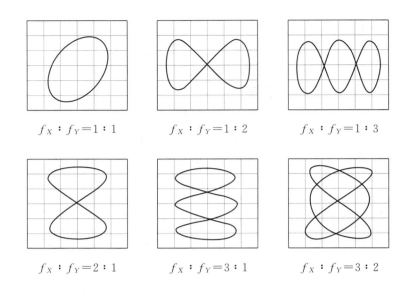

$f_X : f_Y = 1 : 1$ $f_X : f_Y = 1 : 2$ $f_X : f_Y = 1 : 3$

$f_X : f_Y = 2 : 1$ $f_X : f_Y = 3 : 1$ $f_X : f_Y = 3 : 2$

图 13-5　李萨如图形

2. 数字存储示波器原理

（1）基本结构和示波原理.

典型的数字示波器原理框图如图 13-6 所示.它分为实时和存储两种工作状态,当其以实时状态工作时,其电路组成原理与模拟示波器相同.当其以存储状态工作时,它的工作过程一般分为存储和显示两个阶段.在存储工作阶段,模拟输入信号先经过适当地放大或衰减,然后经过采样和量化两个过程的数字化处理,将模拟信号转化成数字信号后,在逻辑控制电路的控制下将数字信号写入存储器中.量化过程就是将采样获得的离散值通过模/数(A/D)转换器转换成二进制数字.采样、量化及写入过程都是在同一时钟频率下进行的.在显示工作阶段,将数字信号从存储器中读出来,并经数/模(D/A)转换器转换成模拟信号,经垂直放大器放大加到 CRT 的 Y 偏转板.与此同时,CPU 的读地址计数脉冲加

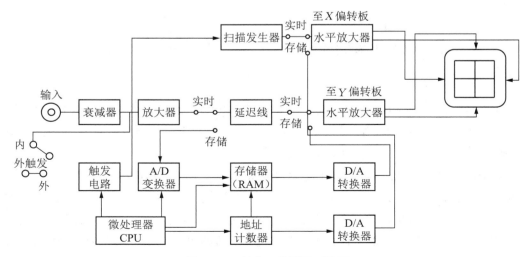

图 13-16　数字示波器原理框图

上 D/A 转换器的作用,可以得到一个阶梯波的扫描电压,再经水平放大器放大,驱动 CRT 的 X 偏转板,从而实现在 CRT 上以稠密的光点包络重现模拟信号.

(2) 波形的采集与存储.

数字系统对离散的信号进行智能化处理,必须先对模拟连续的波形进行采样,再进行 A/D 转换.波形的采集有实时取样和等效时间取样两种方式.实时取样是对一个周期内信号不同点的取样,它与取样示波器的跨周期取样不同,多个取样点得到的数字量分别存储于地址号为 00H~0NH 的 N 个 RAM 存储单元中,采样点所存储的地址信息即表示采样点的时间信息.示波器通过一次触发获取尽可能多的采样点,实时采样用来观察那些只出现 1 次的单次信号,以一个固定的速度对信号采样,数据存储到存储器后显示在显示屏上.等效采样的基本原理就是把高频且快速变化的信号变换成低频且慢速变化的重复信号进行采集,为了达到低速采样可以还原高频信号的目的,就要求被测的信号一定是重复信号.这种采样的方式是依靠不同的触发点对信号进行多次采样,如果将每个采样点安排在不同信号周期内,就可以大大降低采样的频率.最后通过相应的数学方法再将多个周期内的采样点还原到 1 个周期内,这样就可以重新构建被测信号.

(3) 信号的触发.

为了实时并稳定地显示信号波形,示波器必须不断重复地从存储器(RAM)中调出存储数据并显示在屏幕上.为了使每次显示的曲线与前一次显示的曲线相重合,就必须采用触发技术.一般的触发方式为输入的模拟信号经过衰减放大器的处理后,将其分送至 A/D 转换器,同时也将其分送至触发电路,然后触发电路根据已设定的触发条件(如信号的电压达到某一数值并处于下降沿)产生触发信号,控制电路一旦收到来自触发电路发出的触发信号,就启动一次数据采集并写入存储器,如此循环.常见的触发类型有边沿触发和视频触发,常见的触发方式有自动触发、正常触发和单次触发等.

【实验仪器】

DS2000A 系列数字示波器(面板分布见图 13-7)、DG1000Z 系列函数/任意波形发生器(图 13-8).

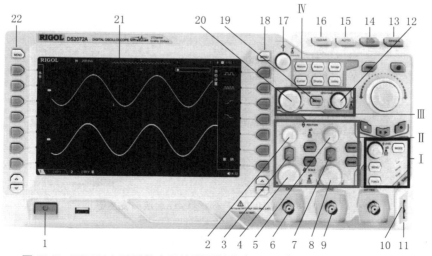

图 13-7 DS2000A 系列数字示波器面板分布图(图中数字、说明见表 13-1)

1. DS2000A 系列数字示波器

DS2000A 系列数字示波器共分 4 个控制区：Ⅰ区为触发控制区，可对触发方式进行控制；Ⅱ区为垂直控制区，用来对信号进行垂直方向控制；Ⅲ区为水平控制区，用来对信号进行水平方向控制；Ⅳ区为功能按键区，包含测量菜单设置（Mesure 键）、采样菜单设置（Acquire 键）、文件存储和调用（Storage 键）、光标测量菜单设置（Cirsor 键）、示波器显示设置（Display 键）、示波器系统辅助功能设置（Utility）等功能，重要按键名称及功能请查看表 13-1.

表 13-1　DS2000A 系列数字示波器前面板总览及控制件设置

控键编号	按键名称/功能	控键编号	空间名称/功能
1	电源键/打开或关闭示波器	12	全通道水平 position/修改信号水平位移
2	CH1 垂直 position/修改信号垂直位移	13	单次触发/设置触发方式为单次触发
3	CH1 模拟控制通道/打开或关闭通道菜单	14	运行控制/使示波器运行或停止
4	CH1 垂直 scale/修改 CH1 垂直档位	15	波形自动显示/使波形显示最佳状态
5	CH2 垂直 position/修改信号垂直位移	16	清除/清除屏幕所有波形或显示新波形
6	CH2 通道输入端口/输入模拟信号	17	多功能旋钮/选择某菜单的子菜单
7	CH2 模拟控制通道/打开或关闭通道菜单	18	功能菜单/多种波形参数设置
8	CH2 垂直 scale/修改 CH2 垂直档位	19	水平控制/切换时基模式、延迟扫描
9	CH2 通道输入端口/输入模拟信号	20	全通道水平 scale/修改水平时基
10	探头补偿输入端/接入方波信号	21	显示屏/显示各种信息
11	接地端/校准示波器的零平线	22	测量菜单/测量量设置、测量方式切换

2. DG1000Z 系列函数/任意波形发生器（信号源）

DG1000Z 系列函数/任意波形发生器如图 13-8 所示，该仪器可从单通道或双通道输入基本波形，包括正弦波、方波、锯齿波、脉冲和噪音等.

图 13-8　DG1000Z 系列函数/任意波形发生器

（1）选择输出通道.可以通过 CH1/CH2 按钮选中其中某个通道（选中某通道后，屏幕上方中间位置对应的通道字标会亮起，两个通道颜色不同，CH1 以黄色标识，CH2 以蓝色标识),此时通道状态栏边框以相应通道颜色显示.

(2) 波形选择.通过波形菜单按钮,可选择对应的波形.

(3) 频率/周期、幅度/高电平、偏移电压、起始相位等参数的设置.在选中某个通道的情况下,可通过屏幕右侧相应按钮进行设置,先通过键盘输入具体数值,在弹出的菜单中选择单位即可完成设置.值得注意的是,若想通过波形发生器某个通道输出信号,必须按下对应通道的启用输出 output 按钮.

【实验内容与步骤】

1. 数字示波器的校准

(1) 连线.将示波器自带探头连接到 CH1 通道,另一端连接示波器的探头补偿信号输入端,探头地线连接补偿信号的接地端.

(2) 调节.按下示波器的 CH1 模拟控制通道按键,在屏幕右侧出现的菜单中,合理设置该通道的"探头比"数值(应与实验室提供的 RP330A 探头的衰减倍数一致,该倍数可在探头上直接读出),再将"输入阻抗"选为"1 MΩ",设置完成后再按下"Auto"键,仪器会自动调节并显示 3 个周期的方波信号.若方波信号出现异常,可通过改锥调节探头的低频补偿调节孔,直至波形正常显示.

(3) 测量.从屏幕显示的方波信号中,测出电压峰-峰值 V_{pp} 和周期 T,方法如下:

$$V_{pp} = Y \cdot V/div, \quad T = X \cdot Time/div,$$

其中,Y 为波形在屏上所占垂直格数,X 为波形一个周期在屏上所占水平格数."V/div"为信号垂直档位,"Time/div"为信号水平时基,这两个数值可在屏幕左下角直接读取.将读取的数据及计算后得到的峰-峰值电压 V_{pp} 和信号周期 T 等数据填入表 13-2.

(4) 验证.上述 V_{pp} 和 T 的具体数值也可从示波器直接读出,按下屏幕左上角的"Menu"菜单,在屏幕左侧出现的快捷菜单中选中"频率",此时屏幕左下角会显示信号的频率数值;再按下"Menu"菜单,切换为垂直测量,选中"峰-峰值",即可在屏幕左下角显示信号的峰-峰值具体数值.通过对计算结果 V_{pp}、T 与示波器探头补偿端产生的信号(本机校准信号)进行对比,可验证示波器及探头是否正常.

2. 观测信号波形并测量电压峰-峰值和周期(频率)

(1) 连线.利用信号源在默认状态下产生一路正弦信号,利用 BNC 线缆将信号源的 CH1 输出端连接示波器的 CH1 通道(因信号源的阻抗默认为高阻输出且 BNC 线缆无衰减,故需在示波器的 CH1 通道中将探头比设置为"×1",输入阻抗设置为"1 MΩ").

(2) 调节.为了熟悉示波器的使用,需手动调节波形.若此时波形超出屏幕范围,可通过按下 CH1 通道的"垂直 position"位移按键,将波形快速调至屏幕中间位置,也可通过旋转该按键,将波形调至屏幕任意位置.之后,旋转 CH1"垂直 scale"按键,使垂直档位变化(具体刻度可在屏幕左下角读出),将波形调整为大小合适.此外,还通过调节"水平 scale"按键调节波形水平时基,观察屏幕上显示的波形宽度及波形数量发生的改变.

(3) 测量.调节波形正常显示后,通过屏幕左侧的快捷菜单,读出波形的峰-峰值电压以及周期等参数,将数据填入表 13-2.之后,改变信号源输出信号的波形,利用相同方法读出信号的周期及峰-峰值,填入表 13-2.

3. 观测李萨如图形

(1) 连线.在信号源上,设置 CH1 和 CH2 输出信号频率分别为 30 kHz、10 kHz(信号幅度及相位可默认)的正弦信号,再用两根 BNC 线缆分别将信号源的 CH1 和 CH2 输出端与示波器的 CH1 和 CH2 输入端连接,分别按下示波器的 CH1 和 CH2 模拟控制通道按键,将两通道的探头比改为"×1",输入阻抗为"1 MΩ".

(2) 调节.按下"Auto"键使两路波形显示正常,分别按下两个通道的"垂直 position"按键,使两路信号均显示于屏幕中间位置.按下水平控制区"menu"菜单,在屏幕右边弹出的时基选项内用多功能调节旋钮选择"X-Y"选项,使两路信号分别作用到 X、Y 方向,从而形成李萨如图形.

(3) 观测.调整信号源两路信号的频率、幅值,调整出如图 13-5 所示的李萨如图,观察在这个过程中图形的变化.再调节出频率比为 $f_X : f_Y = 1 : 3$ 的李萨如图,拍照记录图形,并在做图纸上绘制出该图形.

【注意事项】

(1) 数字示波器受干扰或操作不当可能会出现死机或者扫描异常等情况,请关闭 3 s 后重启.

(2) 数字示波器通电预热 15 min 后,系统重新进行时基自动校准,可获得更高的测量精度.

(3) 实验中用到的数据线较易损坏,连接时不可乱拔、乱扭,以免损坏.

【数据记录及处理】

1. 校准示波器,观测波形,记录和处理波形电压峰-峰值和频率的实验值.

表 13-2   示波器测量波形数据记录与处理

测试波形	峰-峰值(V_{p-p}/V)			周期/频率			
	垂直档位	Y 格数	V_{p-p}/V	水平时基	X 格数	周期 T/ms	频率 f/Hz
方波（校准波）							
∿							
⊓_							
/\/							

2. 在作图纸上描绘出 $f_X : f_Y = 1 : 3$ 的李萨如图形.

【思考题】

1. 在使用数字示波器显示某个电信号波形时,若波形大小不合适,应该如何调整?

2. 观察李萨如图形时,示波器应选择"Y-T"模式,还是"X-T"模式?具体如何操作?

实验 14　光纤通信性能测试

　　光纤通信技术具有通信容量大、频带宽、传输质量高、能量损失小、中继距离长、保密性能好、不受电磁干扰、结构简单、体积小、重量轻等优点,因而成为现代通信技术的主要支柱之一.1966 年华裔学者高锟(1933—2018)根据光的介质波导理论,首次发表论文提出用石英制作玻璃丝(光纤)可实现大容量的光纤通信.高锟因此被称为"光纤之父",并在 2009 年获得诺贝尔物理学奖.1970 年美国康宁公司研制出长约 30 m、能量损耗低达 20 dB/km 的石英光纤.1976 年美国贝尔实验室建成第一条光纤通信实验线路.20 世纪 80 年代横跨太平洋和大西洋的海底光缆线路建成并投入使用.现在,以光纤光缆为主体的现代信息网络已遍布世界每个角落.

　　光纤在通信领域、传感技术及其他信号传输技术中得到广泛应用.电光转换和光电转换技术、耦合技术、光传输技术等都是光纤传输技术及器件构成的重要部分.对于不同频率的信号传输和传输的频带宽度,上述各种技术有很大的差异,构成的器件也具有不同的特性.通过实验了解这些特性及其对信息传输的影响,有助于在科研和工程中恰当地使用这一信号传输技术.

【实验目的】

　　(1) 了解光纤通信的基本工作原理.
　　(2) 熟悉光纤通信中的光纤、半导体电光管、半导体光电管的工作原理和部分特性.
　　(3) 了解音频信号光纤传输系统的结构及调试技术.

【实验原理】

　　1. 音频信号光纤传输系统的结构和工作原理
　　光纤通信系统的基本工作过程如下:将信息(语音、图像、数据等)按一定的方式调制到载运信息的光波上,经光纤传输到远端的接收器,再经解调将信息还原并输出.
　　音频信号光纤传输系统的结构原理如图 14-1 所示,整个传输系统由光信号发射器、传输光纤和光信号接收器 3 个部分组成.其主要工作原理如下:先将待传输的音频信号作为源信号供给光信号发射器,从而产生相应的光信号,然后将此光信号经光纤传输后送入光信号接收器,最终解调出原来的音频信号.为了降低系统的传输损耗,发光器件发光二极管(light-emitting diode, LED)的发光中心波长必须在传输光纤的低损耗窗口之内,使得材料色散较小.低损耗的波长在 850 nm、1 300 nm 或 1 600 nm 附近.LED 发光中心波长为 850 nm,光信号接收器光电二极管(photodiode, PD)的检测峰值响应波长也与此接近.

　　为了避免或减少波形失真,要求整个传输系统的频带宽度能覆盖被传输信号的频率

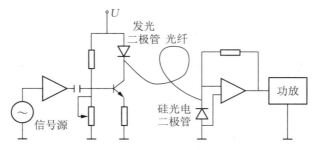

图 14-1　音频信号光纤传输系统原理图

范围.由于光纤对光信号具有很宽的频带,因此在音频范围内,整个系统频带宽度主要决定于发射端的调制信号放大电路和接收端的功放电路的幅频特性.

2. 光纤

光纤是光导纤维的简称,常用光纤是由各种导光材料做成的纤维丝.其核心结构分为两层:内层为纤芯,直径为几微米到几十微米.光纤的外层称包层,其材料的折射率 n_2 小于纤芯材料的折射率 n_1.包层外面常有塑料护套保护光纤,如图 14-2 所示.由于 $n_2 < n_1$,只要入射于光纤头上的光满足一定角度要求,就能在光纤的纤芯和包层的界面上产生全反射,通过连续不断地全反射,光波就可从光纤的一端传输到另一端.如图 14-3 所示,由折射定律有

$$n_1 \cdot \sin \varphi_1 = n_2 \cdot \sin \varphi_2. \tag{14-1}$$

因 $n_2 < n_1$,则 $\varphi_1 < \varphi_2$,当入射角 φ_1 增大到某一角度 φ_c(临界角)时,折射角将等于 $90°$,这时入射光发生全反射,不再进入包层介质,而是在纤芯内沿着折线向前传播,这就是光纤导光的原理.

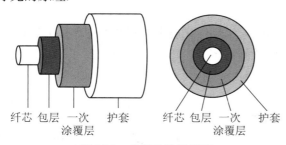

图 14-2　光纤结构示意图

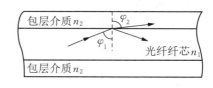

图 14-3　光在纤芯和包层界面上的全反射

衡量光纤性能好坏有两个重要指标:一是看它传输信息的距离能有多远,二是看它携带信息的容量能有多大.前者决定于光纤的损耗特性,后者决定于基带频率特性.

经过人们对光纤材料的提纯,目前已使光纤的损耗做到 1 dB/km 以下.光纤的损耗与工作波长有关,所以在工作波长的选用上,应尽量选低损耗的工作波长,光纤通信最早是用短波长 850 nm,近来发展至用 1 300~1 600 nm 范围的波长,因为在这一波长范围内光纤不仅损耗低,而且"色散"也小.

光纤的基带频率特性主要决定于光纤的模式性质、材料色散和波导色散.光纤按其模式性质通常可以分成单模光纤和多模光纤两类.对于单模光纤,纤芯直径只有 5~10 μm,在一定条件下,只允许一种电磁场形态的光波在纤芯内传播;多模光纤的纤芯直径为 50 μm

或 62.5 μm,允许多种电磁场形态的光波传播.以上两种光纤的包层直径均为 125 μm.按其折射率沿光纤截面的径向分布状况,光纤又分成阶跃型和渐变型两种.对于阶跃型光纤,在纤芯和包层中折射率均为常数,但纤芯折射率 n_1 略大于包层折射率 n_2.所以,对于阶跃型多模光纤,可用几何光学的全反射理论解释它的导光原理.在渐变型光纤中,纤芯折射率随离开光纤中心轴线距离的增加而逐渐减小,直到在纤芯-包层界面处减到某一值后在包层的范围内折射率保持这一值不变,根据光线在非均匀介质中的传播理论分析可知:经光源耦合到渐变型光纤中的某些光线,在纤芯内是沿周期性地弯向光纤轴线的曲线传播.

3. 半导体发光二极管的结构和工作原理

光纤传输系统中对光源器件的发光波长、电光功率、工作寿命、光谱宽度和调制性能等许多方面均有特殊要求,能较好地满足上述要求的光源器件主要有半导体发光二极管和半导体激光器(laser diode,LD).以下主要介绍发光二极管.

半导体发光二极管是低速短距离光通信中常用的非相干光源.它是如图 14-4 所示的 N-P-P 3 层结构的半导体器件,中间层通常是由直接带隙的砷化镓 P 型半导体材料组成,称为有源层,其带隙宽度较窄,两侧分别由 AlGaAs 的 N 型和 P 型半导体材料组成,与有源层相比,它们都具有较宽的带隙.具有不同带隙宽度的两种半导体单晶之间的结构称为异质结,在图 14-4 中,有源层与左侧的 N 层之间形成的是 P-N 异质结,而与右侧 P 层之间形成的是 P-P 异质结,所以这种结构又称为 N-P-P 双异质结构,简称 DH 结构.

当在 N-P-P 双异质结两端加上偏压时,就能使 N 层向有源层注入导电电子,这些导电电子一旦进入有源层后,因受到 P-P 异质结的阻挡作用,不能再进入右侧 P 层,它们只能被限制在有源层内与空穴复合,并释放出光子,发出的光子满足以下关系:

$$h\nu = E_1 - E_2 = E_g, \tag{14-2}$$

其中,h 是普朗克常数,ν 是光波频率,E_1 是有源层内导电电子的激发态能级,E_2 是导电电子与空穴复合后处于价键状态时的束缚态能级.两者的差值 E_g 与 DH 结构中各层材料及其组分的选取等多种因素有关,制作半导体发光二极管时只要这些材料的选取和组分控制得适当,就可以使其发光中心波长与传输光纤的低损耗波长一致.

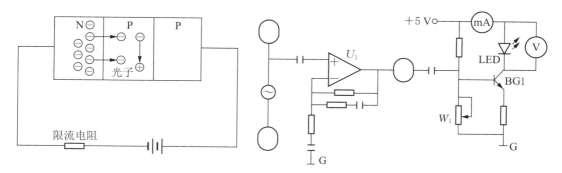

图 14-4 半导体发光二极管的结构及工作原理   图 14-5 LED 的驱动和调制电路原理图

本实验采用半导体发光二极管作为光源器件,音频信号光纤传输系统发送端 LED 的驱动和调制电路如图 14-5 所示,以 BG1 为主构成的电路是 LED 的驱动电路,调节电路中

的 W_1 电位器可以使 LED 的偏置电流发生变化.信号发生器产生的音频信号由以 U_1 为主构成的音频放大电路放大后经电容器耦合到 BG1 基极,对 LED 的工作电流进行调制,从而使 LED 发送出的光强随着音频信号变化而变化,并经光纤把这一光信号传送至接收端.半导体发光二极管输出的光功率与其驱动电流的关系称为 LED 的电光特性.为了避免和减小非线性失真,使用时应给 LED 一个适当的偏置电流 I,其值等于这一特性曲线线性部分中点对应的电流值,而调制信号的峰-峰值也应位于电光特性线性范围内.对于非线性失真要求不高的情况,也可把偏置电流选为 LED 最大允许工作电流的一半,这样可使 LED 获得无截止畸变幅度的最大幅度调制,这有利于信号的远距离传输.

4. 半导体光电二极管的工作原理及特性

本仪器的光信号接收采用半导体硅光电二极管(Silicon Photodiode,SPD).半导体光电二极管与普通的半导体二极管一样,都具有一个 PN 结,但光电二极管在外形结构方面有其自身的特点,在它的管壳上有一个能让光射入其光敏区的窗口.此外,与普通二极管不同,它经常工作在反向偏置电压状态[图 14-6(a)]或无偏压状态[图 14-6(b)].在反偏电压下,PN 结的空间电荷区的垫垒增高、宽度加大、结电阻减小,所有这些均有利于提高光电二极管的高频响应性能.

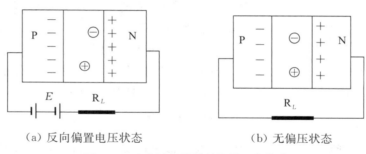

（a）反向偏置电压状态　　　　　（b）无偏压状态

图 14-6　光电二极管的结构及工作方式

无光照时,反向偏置的 PN 结只有很小的反向漏电流,称为暗电流.当有光子能量大于 PN 结半导体材料带隙宽度 E_g 的光波照射到光电二极管的管芯时,PN 结各区域中的价电子吸收光能后将挣脱价键的束缚而成为自由电子,与此同时也产生一个自由空穴,这些由光照产生的自由电子空穴对统称为光生载流子.在远离空间电荷区(又称耗尽区)的 P 区和 N 区内,电场强度很弱,光生载流子只有扩散运动,它们在向空间电荷区扩散的途中因复合而被消灭掉,故不能形成光电流.形成光电流主要靠空间电荷区的光生载流子,因为在空间电荷区内电场很强,在此强电场作用下,光生载流子将以很高的速度分别向 N 区和 P 区运动,并很快越过这些区域到达电极,沿外电路形成光电流,光电流的方向是从二极管的负极流向它的正极,并且在无偏压短路的情况下与入射光的功率成正比,因此在光电二极管的 PN 结中,增加空间电荷区的宽度与提高光电转换效率有密切的关系.若在 PN 结的 P 区和 N 区之间再加一层杂质浓度很低、可近似为本征半导体的 I 层,就形成了具有 P-I-N 3 层结构的半导体光电二极管,简称 PIN 光电二极管.PIN 光电二极管的 PN 结除了具有较宽的空间电荷区以外,还具有很大的结电阻和很小的结电容,这些特点使 PIN 管在光电转换效率和高频响应方面与普通光电二极管相比均得到很大改善.

图 14-7 为 SPD 接收电路原理图,工作时 SPD 把经光纤出射端口输出的光信号转化为与之光功率成正比的光电流 I,光电流经过电流电压变换电路转换成与之成正比的电压信号,输出电压为 $V_{Rf}=I_{Rf}\times R_f$(其中反馈电阻 $R_f=100$ kΩ).如果接收到的光电流随音频调制信号的大小而变化,则可以通过功放将变化的转换电压进行放大,用于示波器观测或驱动耳机还原音频信号.

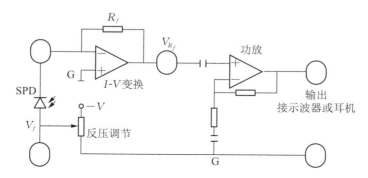

图 14-7 SPD 接收电路原理图

调节发送端 LED 的驱动电流,从零开始,每增加 5 mA 读取一次接收端电流电压变换电路输出电压 V_{Rf},由此算出光电流 I_{Rf},从而得到被测硅光电池的光电特性曲线.根据光电特性曲线,可按下面的公式计算出被测量光电池的响应度:

$$R=\frac{\Delta I_{Rf}}{\Delta P_0}(\text{A/W}),\tag{14-3}$$

其中,ΔP_0 表示两个测量点对应的入射光功率的差值,ΔI_{Rf} 为对应的光电流的差值.响应度表征了硅光电池的光电转换效率,它是一个在光电转换电路的设计工作中需要知道的重要参数.

【实验仪器】

音频信号光纤传输实验仪(图 14-8)由发射部分、接收部分、耳机、收音机、光纤等组成.

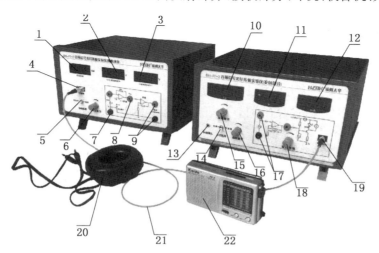

图 14-8 音频信号光纤传输实验仪(图中数字说明见文字内容)

1. 接收部分

（1）光功率计：指示 SPD 接收到的光功率.

（2）SPD 反向电压显示窗口.

（3）电流电压变换电压 V_{Rf} 显示窗口，假设 SPD 光电流为 I_{Rf}，则 $V_{Rf} = I_{Rf} \times R_f$（其中 $R_f = 100$ kΩ）.

（4）SPD 接收插座：光纤信号输入插座.

（5）功能选择开关：SPD 的光功率指示或接入面板右侧测量电路.

（6）反压调节电位器：改变 SPD 反向电压大小，开展 SPD 反向伏安特性测量.

（7）SPD 反压外部测量接口：用户可使用外部电压表测量.

（8）SPD 光电流电流电压变换电压外部测量接口：用户可用外部电压表测量电流电压变换电压 V_{Rf}.

（9）输出：功放输出接口，用于驱动耳机或连接示波器指示波形.

2. 发射部分

（10）正弦波信号频率显示窗口.

（11）LED 正向电压显示窗口：显示 LED 的正向压降大小.

（12）LED 正向偏置电流显示窗口：显示 LED 的正向偏置电流大小.

（13）音频输入：音频信号输入接口，连接外部音频信号（如收音机输出信号）.

（14）信号选择：外部音频信号和内部正弦波信号接入选择开关.

（15）频率调节：内部正弦波信号频率调节电位器.

（16）幅度调节：幅度衰减调节电位器.

（17）发射信号外部测量接口：可外接示波器观察波形.

（18）偏置电流：调节 LED 正向直流偏置电流大小.

（19）LED 发射插座：光纤发射信号输出插座.

（20）耳机.

（21）光纤.

（22）收音机.

【实验内容与步骤】

1. 测绘半导体发光二极管的正向伏安特性 I_D-V_D 曲线和电光特性 P_0-I_D 曲线.

（1）实验前，将发射部分面板上的"幅度调节"、"偏置电流"电位器逆时针调节到最小位置；将接收部分面板上的"反压调节"电位器逆时针调节到最小位置，将接收部分的"功能选择"开关置于"光功率"位置.

（2）用 1 m 光纤将发射部分上的"LED 发射"与接收部分的"SPD 接收"对应连接起来.

（3）调节发射部分"偏置电流"电位器，使直流毫安表指示的偏置电流 I_D 从零开始增加，每增加 5 mA 读取一次发射部分 LED 正向电压 V_D 和接收部分光功率计读数 P_0，数据记录在表 14-1 中.

（4）根据表 14-1 中的数据，绘制 LED 的正向伏安特性 I_D-V_D 曲线和电光特性 P_0-I_D 曲线.

注意:当 **LED 偏置电流小于 0.1 mA 时,正向电压 V_D 显示会不稳定,可以增加偏置电流,待显示稳定后读数;当光功率指示始终过小时,请重新连接光纤,确保显示最大时锁紧接口.**

2. 测绘半导体硅光电二极管的光电特性 I_{Rf}-P_0 曲线.

(1) 实验前,将发射部分面板上的"幅度调节"、"偏置电流"电位器逆时针调节到最小位置;将接收部分面板上的"反压调节"电位器逆时针调节到最小位置,将接收部分的"功能选择"开关置于"测量"位置.

(2) 用 1 m 光纤将发射部分上的"LED 发射"与接收部分的"SPD 接收"对应连接起来.

(3) 调节发射部分"偏置电流"电位器,使偏置电流 I_D 从零开始增加,每增加 5 mA,读取一次接收部分电流电压变换电压 V_{Rf},记录在表 14-1 中.根据 $I_{Rf}=V_{Rf}/R_f$(其中 $R_f=100$ kΩ),计算对应的 SPD 光电流值 I_{Rf},由光电二极管的输入光功率 P_0 与 SPD 的光电流 I_{Rf} 绘制 SPD 光电特性 I_{Rf}-P_0 曲线.

(4) 由 I_{Rf}-P_0 曲线,用两点法求出光电二极管在红光区域线性部分的响应度 $R=\Delta I_{Rf}/\Delta P_0$.

3. 测绘半导体硅光电二极管的反向伏安特性 I_{Rf}-V_F 曲线.

(1) 将接收部分的"功能选择"开关置于"光功率"位置,调节偏置电流 I_D,使接收部分光功率计读数为 4 μW;将接收部分的"功能选择"开关置于"测量"位置,调节"反压调节"电位器改变 SPD 反向电压值 V_F,每增加 1 V 记录一次电流电压变换电压 V_{Rf},直到 SPD 的反向电压为 8 V.根据 $I_{Rf}=V_{Rf}/R_f$(其中 $R_f=100$ kΩ),计算对应的 SPD 光电流值 I_{Rf},并将 I_{Rf} 数值记录在表 14-2 中.

(2) 调节偏置电流 I_D,使接收部分光功率计读数每增加 4 μW,重复上述步骤(1),记录不同光功率下 SPD 的反向伏安特性数据.

(3) 由表 14-2 中的数据绘制半导体光电二极管的反向伏安特性 I_{Rf}-V_F 曲线.

4. 语音信号的传输(选做)

仪器连线同实验 1,将接收部分的"功能选择"开关置于"测量"位置,将发射部分"信号选择"开关置于"音频",将接收部分的"输出"与耳机相连,将偏置电流调节到 30 mA 左右,发射信号幅度置于中间位置.

先将收音机信号调节好,使能正常清晰地播放电台节目.然后将收音机的信号输出插孔用专用连接线与发射部分的"音频输入"连接,微调收音机频道旋钮,使耳机能够聆听到清晰的电台节目.实验时可适当调节 LED 的偏置电流观察传输效果.

【注意事项】

(1) 实验时禁止随意弯曲光纤,以免折断.

(2) 实验开始前及结束后,应把发射部分中的"幅度调节"和"偏置电流"电位器逆时针调至最小.

(3) 实验中用光纤连接 LED 发射插座和 SPD 接收插座时,应注意不要用力过猛,以免损坏.

【数据记录及处理】

1. 根据表 14-1 中第 1、第 2、第 3 行的数据,绘制发光二极管的正向伏安特性 I_D-V_D 曲线和电光特性 P_0-I_D 曲线.

表 14-1　LED 的正向伏安特性、电光特性和 SPD 的光电特性测量数据记录及处理

偏置电流 I_D/mA	0	5	10	15	20	25	30	35	40	45	50
正向电压 V_D/V											
光功率 P_0/μW											
变换电压 V_{Rf}/mV											
光电流 I_{Rf}/μA											

2. 根据表 14-1 中测量的变换电压 V_{Rf},计算相应的光电流 I_{Rf}($I_{Rf}=V_{Rf}/R_f$,$R_f=100\ \text{k}\Omega$),并绘制硅光电二极管的光电特性 I_{Rf}-P_0 曲线.根据 I_{Rf}-P_0 曲线,用两点法求出 SPD 在红光区域线性部分的响应度:

$$R=\frac{\Delta I_{Rf}}{\Delta P_0}=\underline{\qquad}\ (\text{A/W}).$$

3. 根据表 14-2 中的数据,绘制硅光电二极管的反向伏安特性曲线 I_{Rf}-V_F.

表 14-2　SPD 的反向伏安特性测量数据记录及处理

光功率 P_0/μW	不同反向电压 V_F 的光电流 I_{Rf}/μA							
	$V_F=1$ V	$V_F=2$ V	$V_F=3$ V	$V_F=4$ V	$V_F=5$ V	$V_F=6$ V	$V_F=7$ V	$V_F=8$ V
4								
8								
12								
16								
20								

【思考题】

1. 光纤通信的基本工作原理是什么?
2. 光波能在光纤中从一端传输到另外一端,必须满足什么条件?

实验 15　牛顿环

　　1675 年,牛顿(I. Newton,1643—1727)在制作天文望远镜时,偶然将望远镜的物镜放在平板玻璃上,发现了许多同心圆环花样,后人称此为"牛顿环".由于牛顿主张光的微粒学说,因而未能对此现象做出正确的解释.牛顿环是一种用分振幅法实现的等厚干涉现象,为光的波动说提供了实验依据.牛顿环利用平凸透镜和平板玻璃形成一层厚度连续变化的空气薄膜层,光源发出的光经上下表面反射后在上表面附近相遇并产生干涉现象,空气薄膜层厚度相同的地方对应于同一级干涉条纹,这种干涉称为等厚干涉.牛顿环在生产实践中有广泛的应用.例如,测量透镜的曲率半径、光波波长,精确地测量微小长度、厚度和角度,检验加工工件表面的光洁度和平整度,等等.因此,牛顿环无论在理论上还是在应用上都有重要的意义.

【实验目的】

　　(1) 掌握读数显微镜的结构和使用方法.
　　(2) 观察光的等厚干涉现象,加深对光的波动理论的理解.
　　(3) 对牛顿环进行测量,并计算平凸透镜的曲率半径.
　　(4) 学习使用逐差法处理数据.

【实验原理】

　　1. 牛顿环
　　如图 15-1 所示,将曲率半径很大的平凸透镜叠合在平板玻璃上,外加固定用的金属环片和 3 个调节螺丝就构成牛顿环仪.3 个螺丝可用于调节平凸透镜与平板玻璃的接触状态.平凸透镜和平板玻璃之间形成一个空气薄层,其厚度从中心接触点到外边缘逐渐增大.当一束单色平行光垂直入射到牛顿环仪上时,从空气薄层上、下两表面分别反射回来的光在平凸透镜的凸面上(附近)相遇而产生干涉现象,其干涉图样是以玻璃接触点为中心的一组明暗相间的同心圆环,如图 15-2 所示.

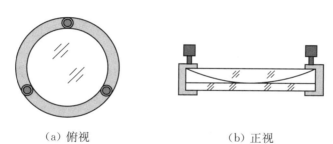

(a) 俯视　　　　　　　　　　　　　(b) 正视

图 15-1　牛顿环装置简图

135

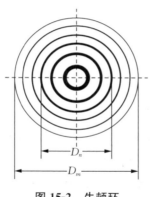

图 15-2　牛顿环

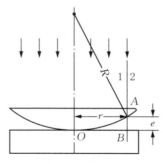

图 15-3　牛顿环形成光路图

2. 干涉条纹特点和规律

如图 15-3 所示,设平凸透镜的曲率半径为 R,与接触点 O 相距为 r 处的空气薄层厚度为 e.由图 15-3 中的几何关系,可得

$$R^2 = (R-e)^2 + r^2 = R^2 - 2Re + e^2 + r^2.$$

因 $R \gg e$,e^2 项可以忽略不计,有

$$2e = \frac{r^2}{R}. \tag{15-1}$$

考虑从 B 点反射回来的光线比从 A 点反射回来的光线多走了一段距离 $2e$,因此,当这两束光线在平凸透镜凸面附近相遇时,它们的光程差为

$$\delta = 2e + \lambda/2, \tag{15-2}$$

其中,λ 为单色光的波长,$\lambda/2$ 是光线在 B 点由光疏介质射向光密介质时反射光产生的半波损失,将(15-1)式代入(15-2)式得

$$\delta = \frac{r^2}{R} + \frac{\lambda}{2}. \tag{15-3}$$

根据干涉理论,产生暗环的条件为

$$\delta = (2k+1)\frac{\lambda}{2} \quad (k = 0, 1, 2, 3, \cdots), \tag{15-4}$$

其中,k 称为干涉级次.将(15-3)式代入(15-4)式,可得第 k 级暗环的半径为

$$r_k^2 = kR\lambda \quad (k = 0, 1, 2, 3, \cdots). \tag{15-5}$$

对(15-5)式进行分析,可得出牛顿环的条纹特点和变化规律.

(1) 对于中心点,$r_k = 0$,$k = 0$.由里向外,r_k 逐渐增大,k 也随之增大,即:牛顿环环纹的级次中心最低,越往外级次越高.这与迈克尔逊干涉仪实验中的环纹级次相反.

(2) 对(15-5)式微分后可得

$$dr_k = \frac{R\lambda}{2r_k}dk. \tag{15-6}$$

可以看出,随着牛顿环半径 r_k 的增大,对于一定的级次间隔 dk,牛顿环半径 r_k 的增量 dr_k 逐渐减小,也就是说,环纹的间隔逐渐减小.牛顿环的分布由里向外逐渐变密、变细.

3. 曲率半径的测量原理

由(15-5)式可知,如果已知光的波长,只要测出 r_k,即可求出曲率半径 R;反之,已知 R 并且测出 r_k,也可由(15-5)式求出波长 λ.在理想情况下,在中心接触点处观察到的条纹应该是一个暗点.中心接触点处机械压力引起玻璃形变,使得接触点处实际观察到的条纹是一个模糊的暗圆斑,它的干涉级次 $k=0$,在它的外面依次是 1,2,3,…级暗环.如果中心处平凸透镜和平板玻璃之间有空隙,或是接触点处不干净,或是空气间隙层中有了尘埃,都会产生附加光程差,使得中心处条纹的干涉级次 k 无法确定,此时甚至可以在中心接触点处观察到亮圆斑.另外,由于无法确定圆环的圆心,因此通常取两个暗环直径的平方差来计算曲率半径 R.

根据(15-5)式,第 m 级暗环和第 n 级暗环的直径可表示为

$$D_m^2 = 4mR\lambda,\tag{15-7}$$

$$D_n^2 = 4nR\lambda.\tag{15-8}$$

将上两式相减得

$$D_m^2 - D_n^2 = 4(m-n)R\lambda,$$

则曲率半径为

$$R = \frac{D_m^2 - D_n^2}{4(m-n)\lambda}.\tag{15-9}$$

(15-9)式说明两暗环直径的平方差只与它们相隔几个暗环的数目 $(m-n)$ 有关,而与它们各自的干涉级次无关.因此在测量时,只要测出第 m 级暗环和第 n 级暗环的直径以及数出环数差,即可计算出透镜的曲率半径 R.用环数差代替级数后,不需要确定各环的级数,并且避免了无法准确确定圆心的困难.

由于接触点处玻璃有弹性形变,在中心附近的圆环将发生移位,且中心处暗环较粗,不易对准测量,故采用远离中心的圆环进行测量.

【实验仪器】

牛顿环仪、读数显微镜、钠光灯(单色光源,$\lambda_{绿} = 589.3 \text{ nm}$).

读数显微镜是一种测量微小尺寸或微小距离变化的仪器,如图 15-4 所示,它由一个带

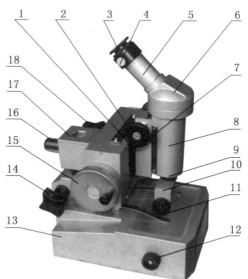

1-标尺;2-调焦手轮;3-目镜;4-锁紧螺钉;5-目镜接筒;6-棱镜室;7-刻尺;8-镜筒;9-物镜组;10-半反镜组;11-压片;12-反光镜旋轮;13-底座;14-锁紧手轮Ⅱ;15-测微鼓轮;16-方轴;17-接头轴;18-锁紧手轮Ⅰ

图 15-4 读数显微镜

"十"字叉丝的显微镜和一个螺旋测微装置所构成.

显微镜包括目镜、"十"字叉丝和物镜.整个显微系统与套在测位螺杆的螺母管套相固定.旋转测微鼓轮,就能使测微螺杆转动,它就带着显微镜一起移动,移动的距离可由水平主尺和测微鼓轮读出.水平主尺的最小分度值为 1 mm.显微镜丝杆的螺距为 1 mm,测微鼓轮的圆周刻有 100 分格,每分格代表 0.01 mm,读数可估计到 0.001 mm.水平主尺的读数与测微鼓轮的读数之和,即为显微镜位置的读数.

【实验内容与步骤】

1. 调节牛顿环仪和读数显微镜

（1）将钠光灯放在读数显微镜前约 15 cm 处,打开电源开关预热几分钟,待灯光明亮且稳定后再进行测量.

（2）借助室内灯光,用眼睛直接观察牛顿环仪,调节框上的螺丝使牛顿环呈圆形,并位于透镜的中心,但要注意不能拧紧螺丝,以免中心暗斑太大甚至压坏牛顿环仪.

（3）转动测微鼓轮,移动显微镜镜筒,使水平主尺读数在 25 mm 附近,此时镜筒在中间位置.

（4）将牛顿环仪放在载物台上,要让圆形的牛顿环条纹位于显微镜物镜正下方.

（5）调节半反镜组向前倾斜 45°,使钠光灯发出的光线经半反镜反射后垂直入射到牛顿环仪上,直至在目镜中看到均匀、明亮的视场.显微镜底座下也有一个反射镜,一般不需要使用.

（6）转动读数显微镜的目镜,使"十"字叉丝清晰,自下而上调节物镜直至观察到清晰的干涉条纹.移动牛顿环仪,使中心暗斑（或亮斑）位于视场中心.松开锁紧螺钉,转动目镜系统,使"十"字叉丝纵丝与显微镜横向移动方向垂直,消除视差,并观测待测的各环左右是否都在读数显微镜的读数范围之内,且条纹清晰.

2. 测量牛顿环的直径

（1）选取要测量的 m 和 n 各 5 个暗环.例如,m 取 20,19,18,17,16 共 5 个暗环,n 取 10,9,8,7,6 共 5 个暗环.

（2）转动测微鼓轮,使目镜中"十"字叉丝交点从中心 0 级暗斑开始向左移动,顺序数到左侧第 24 级暗环,然后反向转动测微鼓轮,使"十"字叉丝交点向右移动对准左侧第 20 级暗环.暗环有一定的粗细,所谓"对准暗环"是让"十"字叉丝交点尽量对准暗环细线的中间."十"字叉丝交点对准左侧第 20 级暗环后,开始测量并记录数据,读出水平主尺和测微鼓轮上的读数,把两部分读数相加后记录在表 15-1 中.然后继续转动测微鼓轮,使叉丝交点依次对准左侧第 19,18,17,16,10,9,8,7,6 级暗环,顺次记下读数.再继续转动测微鼓轮,让叉丝交点越过中心 0 级暗斑,依次对准右侧第 6,7,8,9,10,16,17,18,19,20 级暗环,也顺次记下各环的读数,计算各环的直径,

$$D_m = |d_{m左} - d_{m右}|.$$

注意:在测量和记录数据的过程中,测微鼓轮应沿一个方向旋转,中途不得反转,以免引起回程差.

【注意事项】

（1）钠光灯的电源开关不要频繁开启、关闭，以免缩短灯管寿命.

（2）在使用和搬运读数显微镜、牛顿环仪的过程中应谨慎小心，避免震动及碰撞.仪器应保持清洁、润滑.当光学表面不清洁时，要用专门的擦镜纸轻轻揩拭.

（3）在每一次测量过程中，测微鼓轮只能向一个方向旋转，中途不能反转.

（4）调节读数显微镜的物镜焦距时，为防止损坏显微镜物镜和牛顿环仪，要缓慢放下显微镜镜筒，同时，实验者要从镜筒外侧观察（而不是眼睛放在目镜上看里面！），避免半反镜碰到牛顿环仪.待镜筒放到最低后，再将镜筒缓慢提升，此时眼睛可看向目镜.

【数据记录及处理】

1. 将数据记录在表 15-1 中，计算暗环直径和平均值 $\overline{D_m^2-D_n^2}$.

表 15-1　牛顿环的测量数据记录及处理

环　数			直径 D_m /mm	环　数			直径 D_n /mm	$D_m^2-D_n^2$ /mm²
m	左/mm	右/mm		n	左/mm	右/mm		
20				10				
19				9				
18				8				
17				7				
16				6				
$\overline{D_m^2-D_n^2}=$ _____ mm²								

2. 计算平凸透镜曲率半径 R 及其不确定度 Δ_R.

$\lambda=589.3\ \text{nm}=5.893\times10^{-4}\ \text{mm}$，$m-n=$ _____.

曲率半径的最佳估计值：

$$\overline{R}=\frac{\overline{D_m^2-D_n^2}}{4(m-n)\lambda}=_____（\text{mm}）；$$

$$\Delta_A=S_{D_m^2-D_n^2}=\sqrt{\frac{\sum\left[(D_m^2-D_n^2)_i-\overline{(D_m^2-D_n^2)}\right]^2}{k-1}}=_____（\text{mm}^2）（本实验 k=5）；$$

$$\Delta(D_m^2-D_n^2)\approx\Delta_A=_____（\text{mm}^2）；$$

$$\Delta_R=\frac{\Delta(D_m^2-D_n^2)}{4(m-n)\lambda}=_____（\text{mm}）.$$

3. 写出实验结果.

$$R=\overline{R}\pm\Delta_R=_____（\text{mm}）.$$

【思考题】

1. 牛顿环干涉条纹形成在哪一个面上？产生的条件是什么？

2. 牛顿环干涉条纹的中心在什么情况下是暗的？在什么情况下是亮的？

实验 16　分光计的调节和使用

　　分光计又称光学测角仪,是精确测量光线偏转角度的光学仪器,精确度可达到 $1'$.用它可以测量材料的折射率、色散率、光栅常数、光波波长和进行光谱观测等.分光计结构复杂、装置精密,调节要求也比较高,对初学者来说会有一定的难度.因此,实验者要了解其基本结构和测量光路,严格按调节要求和步骤仔细地调节,才能获得较高精度的测量结果.分光计的调节思想、方法与技巧在光学仪器中具有一定的代表性,学会它的调节和使用方法有助于掌握更为复杂的光学仪器(如摄谱仪、单色仪、分光光度计等)的操作.

【实验目的】

　　(1) 了解分光计的原理、结构,学习调整分光计.
　　(2) 掌握利用分光计测量三棱镜顶角的方法.

【实验原理】

　　1. 分光计的结构
　　常用的 JJY 型分光计如图 16-1 所示,主要有 4 个部件构成,包括望远镜、平行光管、载物台和读数装置.分光计底座的中心有一沿铅直方向的转轴,称为分光计的中心轴.在这

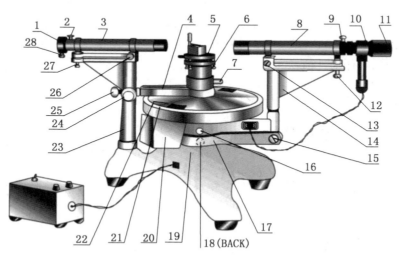

1-狭缝;2-紧固螺钉;3-平行光管;4-制动架;5-载物台;6-载物台调平螺钉(3 只);7-载物台锁紧螺钉;8-望远镜;9-紧固螺钉;10-分划板;11-目镜;12-仰角螺钉;13-望远镜光轴水平螺钉;14-支臂;15-转角微调;16-读数刻度盘止动螺钉;17-制动架;18-望远镜止动螺钉;19-底座;20-转座;21-读数刻度盘;22-游标盘;23-立柱;24-游标盘;25-游标盘止动螺钉;26-平行光管光轴水平螺钉;27-仰角螺钉;28-狭缝调节

图 16-1　JJY 型分光计

个轴上套有一个读数刻度盘和一个游标盘,这两个盘可以绕轴旋转.望远镜和平行光管安装在两个支臂上,两个支臂与转轴相连,也可绕中心轴转动.

（1）望远镜.

望远镜是用来观察平行光的.分光计采用的是自准直望远镜（阿贝式望远镜）,其原理如图 16-2 所示.望远镜由目镜、叉丝分划板和物镜 3 个部分组成,分别装在 3 个套筒中,这 3 个套筒一个比一个大,彼此可以互相滑动,以便调节聚焦.中间的一个套筒装有一块圆形分划板,分划板面刻有"丰"形叉丝,分划板的下方紧贴着装有一块 45°全反射小棱镜,在与分划板相贴的小棱镜的直角面上,刻有一个"十"形透光的叉丝,利用电珠照明使它成为发光体.如果在望远镜的物镜正前方放置一个与望远镜光轴近乎垂直的反射面,将会在望远镜内看到"十"像,它就是这个叉丝的像.而且如果反射面与望远镜光轴严格垂直,这个反射像必位于"丰"形叉丝的上叉丝正中央.

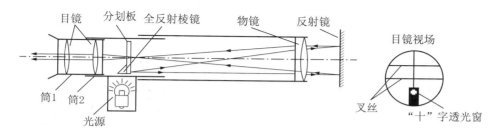

图 16-2 望远镜结构

（2）平行光管.

平行光管是用来产生平行光的,它由狭缝和会聚透镜组成,其结构如图 16-3 所示.狭缝与透镜之间的距离可以通过伸缩狭缝套筒进行调节,当狭缝调到透镜的焦平面上时,狭缝发出的光经透镜后就成为平行光.狭缝的宽度可由缝宽调节螺钉进行调节.狭缝是精密部件,为了避免损伤,只有在望远镜中看到狭缝亮线像的情况下,才能调节狭缝的宽度.

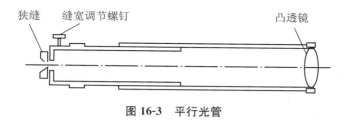

图 16-3 平行光管

（3）载物台.

载物台是用来放置平面镜、棱镜等光学元件的平台,它可以与游标盘通过螺丝相互锁定,一起绕分光计的转轴转动.当游标盘的止动螺丝拧紧后,游标盘不能绕轴转动.载物平台下有 3 只调节螺丝,可调节台面的倾斜度.

（4）读数装置.

读数装置由读数刻度盘和游标盘组成.读数刻度盘为圆盘,分为 360°,每度中间有半刻度线,故刻度盘的最小读数为半度（30′）,小于半度的值需通过游标盘读出.游标盘上有

图 16-4　分光计的游标盘

30 分格,故最小刻度为 $1'$.分光计上的游标为角游标,其原理和读数方法与游标卡尺类似,如图 16-4 所示的位置其读数为 $23°13'$.

在分光计出厂时已将刻度盘调到与仪器中心轴垂直.由于刻度盘中心和仪器转轴在制造和装配时,不可能完全重合,因此在读数时会产生系统误差——偏心差.为了消除刻度盘与游标盘不完全同轴所引起的偏心差,通过在中心轴直径上安置两个对称的游标以消除这种系统误差.

2. 分光计测量三棱镜顶角的原理

三棱镜的侧面由两个光滑表面和一个毛玻璃面构成,如图 16-5 中的三角形 ABC 代表三棱镜的 3 个侧面.由图 16-5 可见,两个光滑侧面 AB 和 AC 的法线可以由望远镜分别垂直这两个光滑侧面时所在的位置 T_1 和 T_2 对应.

假设望远镜位于 T_1 时,游标Ⅰ和游标Ⅱ的读数分别为 $\varphi_{\text{I}}^{T_1}$ 和 $\varphi_{\text{II}}^{T_1}$;望远镜位于 T_2 时,游标Ⅰ和游标Ⅱ的读数分别为 $\varphi_{\text{I}}^{T_2}$ 和 $\varphi_{\text{II}}^{T_2}$.

游标Ⅰ记录两条法线的夹角为

$$\varphi_{\text{I}}=|\varphi_{\text{I}}^{T_1}-\varphi_{\text{I}}^{T_2}|, \tag{16-1}$$

$$\varphi_{\text{II}}=|\varphi_{\text{II}}^{T_1}-\varphi_{\text{II}}^{T_2}|, \tag{16-2}$$

取二者平均值,

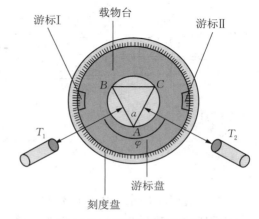

图 16-5　三棱镜顶角读数原理

$$\varphi=\frac{1}{2}(\varphi_{\text{I}}+\varphi_{\text{II}}). \tag{16-3}$$

由图 16-5 可见,三棱镜顶角为

$$\alpha=180°-\varphi. \tag{16-4}$$

下面重点介绍实验中经常遇到且容易出错的"过零问题".为了测量三棱镜两个光滑侧面法线之间的夹角 φ,需要调整望远镜分别垂直于两个光滑侧面(即分别位于位置 T_1 和 T_2)以及游标Ⅰ和游标Ⅱ的读数.在转动望远镜的过程中,每个游标的读数都是一直在变化的,以如图 16-4 所示游标Ⅰ的读数变化为例进行讨论.

(1)望远镜位于位置 T_1 时,游标Ⅰ初读数为 $23°13'$.在调节过程中,载物台与游标盘不旋转(载物台与游标盘锁紧为一体),而望远镜与刻度盘(望远镜与刻度盘锁紧为一体)逆时针方向旋转,读数将一直减少,从 $23°13'$ 减少到 $13°13'$,此时转过的角度为 $23°13'-13°13'=10°00'$.随着望远镜继续旋转,游标Ⅰ的读数一直减少,转过的角度 φ 逐渐增大.当游标Ⅰ的读数为 $00°00'$ 时,转过的角度显然应为 $23°13'-00°00'=23°13'$.可是此后如果望远镜继续逆时针旋转,游标Ⅰ的读数却无法继续减小! 这是因为刻度盘刻度的最小值为

$00°00'$. 望远镜继续逆时针旋转,当游标 I 读数为 $350°00'$ 时,即游标越过 $00°00'$ 后又转了 $360°00'-350°00'=10°00'$,转过的角度应为 $\varphi=23°13'-00°00'+10°00'=33°13'$. 为了计算方便,可将此时游标 I 的读数记为 $350°00'-360°00'=-10°00'$,望远镜转过的角度应为

$$\varphi_I=|\varphi_I^{T_1}-\varphi_I^{T_2}|=|23°13'-(350°00'-360°00')|=33°13'. \tag{16-5}$$

（2）如果载物台与游标盘不旋转,而望远镜连同刻度盘顺时针旋转,游标 I 读数将一直增加.假设其初读数为 $350°00'$,当读数增加到 $355°00'$ 时,转过的角度为 $05°00'$;当读数变为 $00°00'$（即 $360°00'$）,转过的角度为 $10°00'$……望远镜继续顺时针转动,游标 I 读数将变为 $01°00'$,此时游标 I 的读数应改写为 $01°00'+360°00'=361°00'$……当分光计的游标盘如图 16-4 所示时,转过的角度应按下式计算：

$$\varphi_I=|\varphi_I^{T_1}-\varphi_I^{T_2}|=|350°00'-(23°13'+360°00')|=33°13'. \tag{16-6}$$

值得一提的是,在实验过程中,也可以保持望远镜及刻度盘一体且位置不变而旋转游标盘（载物台与游标盘锁紧为一体）,这样的操作更为简单,遇到过零问题如何读数的分析与上述相同.

【实验仪器】

JJY 型分光计、三棱镜、双面(半)反射平面镜、读数小灯.

【实验内容与步骤】

1. 分光计调节

分光计要进行精密测量,必须满足两个要求：①入射光和出射光应当是平行光；②入射光和出射光的方向以及反射面和出射面的法线都与分光计的刻度盘平行.为了测量三棱镜的顶角,对分光计的调节要求如下：①望远镜聚焦于无穷远；②望远镜光轴与分光计中心轴垂直.具体调节步骤如下.

（1）目测粗调.

为了便于后面的光路细调,需先目测粗调.目测粗调即凭眼睛判断,调节有关的倾角螺丝,使望远镜、载物台大致水平.目测粗调是后面进行细调的前提和细调成功的保证.

① 调节望远镜下方的仰角螺丝,尽量使望远镜的光轴与刻度盘平行.

② 将载物台上层小圆板的 3 条半径线与下层小圆板的 3 个调节螺丝的位置对齐,调节载物台下方的 3 个小螺丝,尽量使载物台与刻度盘平行.

（2）调望远镜聚焦于无穷远（用"自准法"调节）.

① 调节目镜,使得分划板为目镜焦平面（使分划板上的叉丝"十"清晰）.

在望远镜的圆形分划板上,有双叉丝线"十",分划板的下方有个"+"形的透光窗孔,仔细转动目镜镜头,使分划板上的叉丝清晰,如图 11-6 所示.

② 前后拉伸目镜镜筒,使得分划板为物镜焦平面（使

图 16-6 "十"形叉丝的像

"＋"在分划板上成像清晰).

　　将平面镜轻轻贴住望远镜物镜镜筒,使平面镜与望远镜光轴基本垂直,松开望远镜上方的止动螺钉,前后移动目镜套筒,直至从目镜视场中观察到反射回的绿"十"字像清晰,且绿"十"字像与分划板上的"┷"形叉丝间无视差,锁紧望远镜止动螺丝,此时望远镜已聚焦于无穷远.如有视差,应反复仔细调节予以消除.

　　(3)细调望远镜,适合观察平行光.

　　将平面镜放置在载物台上,平面镜垂直于两个螺丝连线且与另一个螺丝重合,如图 16-7 所示.升高载物台并固定螺丝,左右转动载物台使得能从望远镜镜筒上方,在平面

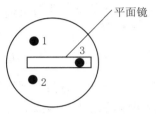

图 16-7　平面镜在载物台上的位置

镜中看到望远镜镜筒的像与镜筒在一条直线上.此时平面镜垂直于望远镜主轴,分划板的"＋"形透光的叉丝经平面镜反射后,必然在视场中某一竖直面上,再微调望远镜仰角或载物台螺丝,一定能找到"＋"像.将载物台转过 180°,使平面镜的另一面对准望远镜,再用此法进行调节,也能在视场中找到"＋"像.这时要保证平面镜两面反射回来的"＋"像都能被观察到,这样才算初步细调成功.

　　接下来用"各半调节法"调节准确.假设在望远镜中观察到的反射"＋"像如图 16-8(a)所示,那么,只需调节望远镜仰角螺丝,使"＋"像距分划板上部的叉丝线的距离减小一半,如图 16-8(b)所示.再调节载物台上螺丝 1 和 2,使"＋"像上移剩余的一半距离,如图 16-8(c)所示.将载物台旋转 180°,使平面镜的另一面对准望远镜,再用此法进行调节.经过几次反复调节后,使望远镜先后对着平面镜的两面,同时能看到"＋"像与分划板上部的叉丝线重合,如图 16-8(d)所示,则望远镜的光轴即为垂直分光计的光轴.

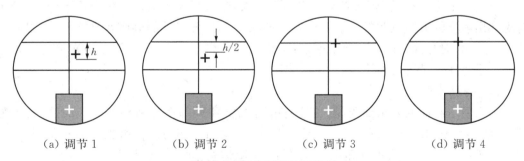

(a) 调节 1　　　　(b) 调节 2　　　　(c) 调节 3　　　　(d) 调节 4

图 16-8　各半调节法示意图

　　2. 三棱镜顶角的测量

　　将三棱镜按图 16-9 所示的位置放置(切忌用手触摸光滑侧面).调节螺丝 a_1,可以改变 AB 面的法线方向,不改变 AC 面的法线方向.同理,调节螺丝 a_2,可以改变 AC 面的法线方向,不改变 AB 面的法线方向.调节 a_1 螺丝和望远镜仰角螺丝,尽量使 AB 面与望远镜光轴垂直.使用上面介绍的"各半调节法",使望远镜先后对着三棱镜的两个光滑侧面,都能看到"＋"像

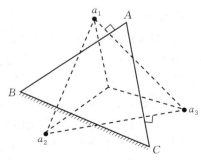

图 16-9　三棱镜在载物台上的位置

与分划板上部的叉丝线重合.注意游标Ⅰ和游标Ⅱ在刻度盘左右两侧的位置,使它们容易读数即可.此时就可以按图 16-5 所示,分别测量在位置 T_1 时的角 $\varphi_Ⅰ^{T_1}$ 和 $\varphi_Ⅱ^{T_1}$ 以及在位置 T_2 时的角 $\varphi_Ⅰ^{T_2}$ 和 $\varphi_Ⅱ^{T_2}$,填入表 16-1 中,并计算三棱镜顶角 α.

【注意事项】

(1) 测量中转动望远镜使叉丝竖线接近"+"像时,应用望远镜转角微调螺钉仔细调节重合.

(2) 注意在实验中经常遇到且容易出错的"过零问题".

(3) 切勿用手触碰光学元件表面,以免油脂、汗渍附着.

(4) 狭缝机构制造精细、调整精密,没有必要时不宜拆卸、调节,以免由于调节不当而影响精度.

【数据记录及处理】

1. 测量三棱镜顶角,将数据记录在表 16-1 内.

表 16-1　测量三棱镜顶角的数据记录及处理

测量游标编号	Ⅰ	Ⅱ
第一位置 T_1	$\varphi_Ⅰ^{T_1}=$＿＿＿＿	$\varphi_Ⅱ^{T_1}=$＿＿＿＿
第二位置 T_2	$\varphi_Ⅰ^{T_2}=$＿＿＿＿	$\varphi_Ⅱ^{T_2}=$＿＿＿＿
$\varphi_i=\lvert\varphi_i^{T_1}-\varphi_i^{T_2}\rvert$, $i=$Ⅰ, Ⅱ	$\varphi_Ⅰ=$＿＿＿＿	$\varphi_Ⅱ=$＿＿＿＿
$\varphi=\dfrac{1}{2}(\varphi_Ⅰ+\varphi_Ⅱ)$		
$\alpha=180°-\varphi$		
Δ_a	$02'$	
$\alpha\pm\Delta_a$		

【思考题】

1. 望远镜调焦至无穷远表示什么含义?为什么当在望远镜视场中能看见清晰且无视差的绿十字像时,望远镜已调焦至无穷远?

2. 消除偏心差有什么方法?

实验 17 　光栅衍射

　　光栅又称衍射光栅,是利用多缝衍射原理使光发生色散(分解成光谱)的光学元件,它实际上是一组数目极多、平行等距、紧密排列的等宽狭缝.按照所用光光栅可分为透射光栅、反射光栅等类型,按照形状又可分为平面光栅和凹面光栅,此外还有全息光栅、正交光栅、相光栅、炫耀光栅、阶梯光栅等.最早的光栅是 1821 年由德国科学家夫琅禾费(J. von Fraunhofer, 1787—1826)用细金属丝密排的绕在两平行细螺丝上制成的,因形如栅栏而被称为"光栅".现代光栅是用精密的刻划机在玻璃片或者金属片上刻划而成.光栅的狭缝数量极大,一般每毫米几十至几百条,现代高科技技术可制成每毫米有上千条狭缝的光栅.单色平行光通过光栅每个缝的衍射和各缝间的干涉,形成暗条纹很宽、亮条纹很细的图样,这些锐细而明亮的条纹称为谱线.谱线的位置随波长不同而变化,当复色光通过光栅后,不同波长的谱线在不同的位置出现而形成光谱.

　　由于光栅具有较大的色散率和较高的分辨本领,它不仅适用于分析可见光成分,还可用于分析红外和紫外光波,已经被广泛地装配在各种光谱仪器中.光栅是光栅摄谱仪、单色仪等光学仪器的分光元件,用来测定谱线波长、研究光谱的结构和强度等.光栅被广泛应用于数学、地质、冶金、机械、石油化工等部门作光谱定量和定性分析,也被应用于光学计量、光通信及信息处理等科学领域.本实验主要介绍用衍射光栅测定光栅常数和光谱线波长的原理与方法,实验使用的光栅为全息光栅.

【实验目的】

　　(1) 进一步熟悉分光计的调节与使用.
　　(2) 观察光栅衍射现象,加深对光栅衍射理论的理解.
　　(3) 学习利用光栅测定光波波长及光栅常数的原理和方法.

【实验原理】

1. 衍射光栅

　　光栅由一组数目很多的相互平行、等宽、等间距的狭缝(或刻痕)构成,是单缝的组合体,其示意图如图 17-1 所示.原制光栅是用金刚石刻刀在精制的平面光学玻璃上平行刻划而成.光栅上的刻痕起着不透光的作用,两刻痕之间相当于透光狭缝.原制光栅价格昂贵,常用的是复制光栅和全息光栅.图 17-1 中的 a 为刻痕的宽度,b 为狭缝间宽度,$d = a + b$ 为相邻两狭缝上相应两点之间的距离,称为光栅常数.光栅常数 d 的倒数 $1/d$ 为光栅密度,即光栅的单位长度上的条纹数.例如,某光栅密度为 1 000 条/毫米,即每毫米上刻有 1 000 条刻痕.

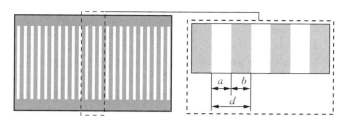

图 17-1　衍射光栅示意图

2. 光栅方程

　　光的干涉和衍射现象是光的波动性的直接体现.当光源与观察屏都与衍射屏相距无限远时,衍射现象称为夫琅禾费衍射.设有一束平行光垂直光栅平面入射,根据夫琅禾费衍射理论,光波将在各个狭缝处发生衍射,所有狭缝的衍射又彼此发生干涉.这种干涉定域于无穷远处,若在光栅后面用一会聚透镜,则衍射后相互平行的光会聚于一点,如图 17-2 所示.与光栅法线所成夹角为 φ 的一束平行的衍射光,若在其后放置一凸透镜,则经过透镜后会聚于某点.如果在这个方向上由于光振动的加强产生了一个明条纹,则光程差必等于波长的整数倍,即:形成衍射明纹的条件(光栅方程)是

$$d \sin \varphi_k = (a+b) \sin \varphi_k = k\lambda \quad (k=0,\ \pm 1,\ \pm 2,\ \cdots),\tag{17-1}$$

其中,k 为明纹级数,φ_k 为 k 级明纹的衍射角,λ 为入射光波长.(17-2)式就是入射光线垂直入射光栅面的光栅方程.因此,可用分光计测出衍射角 φ_k,如果已知波长 λ,可求出光栅常数 d;反之,如果已知光栅常数 d,可求出波长 λ.

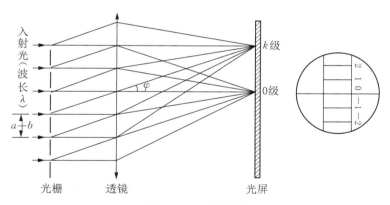

图 17-2　衍射光路

　　如果入射光为复色光,当 $k=0$ 时,有 $\varphi_0=0$,不同波长的零级亮纹重叠在一起,则零级条纹仍为复色光.当 k 为其他值时,不同波长的同级亮纹因有不同的衍射角而相互分开,即有不同的位置.因此,在透镜焦平面上将出现按短波到长波的次序,自中央零级向两侧依次分开排列的彩色谱线(光栅光谱),所以光栅具有分光功能.本实验采用的汞灯产生4 种单色光,每一单色光有一定的波长,因此对于同一级明纹,各色光的衍射角 φ_k 是不同的,由小到大依次为 $\varphi_{紫}$、$\varphi_{绿}$、$\varphi_{黄II}$、$\varphi_{黄I}$,如图 17-3 所示.

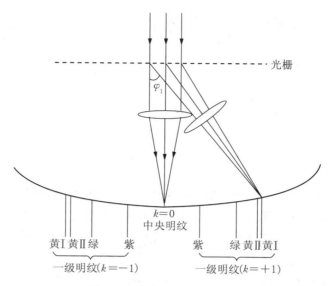

图 17-3　光栅衍射光谱示意图

实验可分为两步.

(1) 第一步:用分光计对已知波长的绿色光谱线进行观察,测出一级明纹的衍射角 $\varphi_{1绿}$,由光栅方程算出光栅常数 d.

(2) 第二步:分别对波长未知的紫、黄光Ⅱ、黄光Ⅰ进行观察,测出相应的衍射角 $\varphi_{1紫}$、$\varphi_{1黄Ⅱ}$、$\varphi_{1黄Ⅰ}$,连同求出的光栅常数 d,代入光栅方程,算出各明纹所对应的波长 $\lambda_{紫}$、$\lambda_{黄Ⅱ}$、$\lambda_{黄Ⅰ}$.

【实验仪器】

分光计及附件 1 套、汞灯光源、光栅.

【实验内容与步骤】

1. 分光计和光栅的调节

调节分光计时应做到望远镜聚焦于无穷远、望远镜的光轴与分光计的中心轴垂直,平行光管出射平行光.前面两步的调节参见实验 16"分光计的调节和使用",调好后固定望远镜(切记不可再调节望远镜水平、目镜).调节光栅时应做到平行光管出射的平行光垂直于光栅面、平行光管的狭缝与光栅刻痕平行.具体调节步骤如下.

(1) 调节平行光管发出的平行光与望远镜共轴.

① 取下载物台上的平面镜,启动汞灯光源(在分光计中用的是平面镜).

② 转动平行光管并细心调节平行光管水平度调节螺钉,使望远镜、平行光管竖直方向在一条直线上(目测)且基本水平.

③ 放松狭缝机构固定螺丝,前后移动狭缝机构,通过望远镜清晰地看到狭缝的像(一条明亮的细线)呈现在分划板上,而且与分划板的刻线无视差.

④ 转动狭缝机构,使狭缝像与目镜分划板的水平刻线平行.转动平行光管,使狭缝在

视场中水平.调节平行光管仰角螺丝,使狭缝与视场中中间水平刻线重合.然后将狭缝转过90°,使狭缝与目镜分划板的垂直刻线重合.此时平行光管的光轴与望远镜的光轴同轴,且都与分光计中心轴垂直.此时不要再移动狭缝.

⑤ 锁紧狭缝机构固定螺丝.

⑥ 调节狭缝旋转手轮,使狭缝宽调至约 0.5 mm.

(2) 调节光栅,使光栅与转轴平行,且光栅平面垂直于平行光管.

① 如图 17-4 所示,将光栅放置于载物台上,光栅面朝向望远镜,并使之固定.

② 使望远镜对准狭缝,平行光管和望远镜光轴保持在同一水平线上.

③ 松开载物台固定螺丝,微微转动载物台,直至"十"字反射像和狭缝像重合.

④ 锁紧载物台固定螺丝.

⑤ 松开望远镜固定螺丝,以光栅面作为反射面,用自准法仔细调节载物台下方的调节螺丝 B 和 C,使"十"字反射像位于叉丝上方交点,如图 17-5 所示.

⑥ 转动望远镜,观察衍射光谱的分布情况,注意中央明纹两侧谱线是否在同一水平面上.如观察到光谱线有高低变化,说明狭缝与光栅刻痕不平行,调节载物台下方的调平螺钉 A(B 和 C 不能动),直至在同一水平面上为止.调好之后,回头检查步骤⑤是否有变动,这样反复多次调节,直至⑤和⑥两个要求同时满足为止.

2. 用光栅测光波长

用光栅测光波长时需要注意:由于衍射光栅对中央明纹是对称的,为了提高测量准确度,测量第 k 级光谱时,应测出 $-k$ 级光谱位置和 $+k$ 级光谱位置,两位置的差值之半即为 φ_k,如图 17-6 所示;为消除分光计刻度盘的偏心误差,在测量每一条谱线时,要同时读取刻度盘上两个游标的示值,然后取平均值.为了使叉丝精确对准光谱线,必须用望远镜转角微调螺钉来对准.测量时,可将望远镜移至最左端,从 -1 到 $+1$ 级依次测量,以免漏测数据.

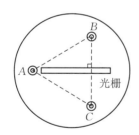　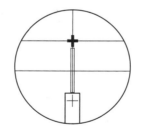　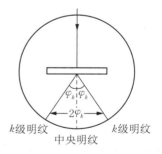

图 17-4　光栅在载物台的位置图　**图 17-5　望远镜观察到的物和像**　**图 17-6　测量 φ_k 示意图**

(1) 测光栅常数 d.

① 旋紧游标盘止动螺钉与刻度盘止动螺钉.

② 手握望远镜支臂,转动望远镜(与刻度盘固定在一起),观察汞灯绿线(已知 $\lambda_{\text{绿}}=$546.1 nm)的 1 级衍射光谱,让望远镜对准中央明纹,然后转到 $k=-1$ 绿光谱线处,旋紧望远镜止动螺钉,固定望远镜.

③ 借助望远镜微调螺钉,使分划板的垂直刻线对准谱线,从左右游标上读取两个数

据,记录在表 17-1 中.

④ 松开望远镜止动螺钉,测量 $k=1$ 绿光谱数据.

⑤ 从数据获得衍射角 φ_I,代入公式 $d\sin\varphi=\lambda$,即可求得光栅常数 d.

(2)测定未知光波的波长.

① 松开望远镜止动螺钉,转动望远镜,依次对准 $k=-1$ 处黄Ⅰ、黄Ⅱ、紫光谱线,读取数据.

② 测量 $k=1$ 处的紫光、黄Ⅱ、黄Ⅰ谱线数据.

③ 将光栅常数 d 和衍射角 φ_k 代入公式,求出各谱线波长.

【注意事项】

(1)光学元件要轻拿轻放以免损坏,切忌用手接触光学元件表面.

(2)爱护光学仪器,操作中要遵守规则,不允许随便拆卸或者用力乱拔旋钮,以免造成仪器精度下降和不必要的磨损.

(3)在测量过程中移动望远镜时,应用手握住望远镜的支臂,而不要握住望远镜的目镜,眼睛靠近目镜,但不得碰触目镜.

(4)测量中转动望远镜使叉丝竖线接近待测谱线时,应用望远镜转角微调螺钉仔细调节重合.

【数据记录及处理】

1. 在表 17-1 中记录汞灯衍射光谱 1 级谱线的角位置,从左到右的顺序依次为"黄Ⅰ、黄Ⅱ、绿光、紫光"和"紫光、绿光、黄Ⅱ、黄Ⅰ",并计算其衍射角.

表 17-1 不同波长衍射角的数据记录及处理

光谱线颜色或波长/nm	黄Ⅰ		黄Ⅱ		$\lambda_\text{绿}=546.1$ nm		紫	
游标	Ⅰ	Ⅱ	Ⅰ	Ⅱ	Ⅰ	Ⅱ	Ⅰ	Ⅱ
左侧($k=-1$)衍射光方位 $\varphi_\text{左}$								
右侧($k=+1$)衍射光方位 $\varphi_\text{右}$								
$2\varphi_m=\|\varphi_\text{左}-\varphi_\text{右}\|$								
$\overline{2\varphi_m}$								
$\overline{\varphi_m}$								

2. 根据光栅方程和已知绿光 $\lambda_\text{绿}=546.1$ nm,求光栅常数 d 及不确定度.

$d=\overline{d}\pm\Delta_d=$ _____ (nm).

3. 利用求出的光栅常数 d、光栅方程 $d\sin\varphi=\lambda$ 和黄Ⅰ、黄Ⅱ及紫光的衍射角 $\overline{\varphi}$,分别求 $\lambda_\text{黄Ⅰ}$、$\lambda_\text{黄Ⅱ}$、$\lambda_\text{紫}$,并求各波长的不确定度.

$\lambda_\text{黄Ⅰ}=\overline{\lambda}_\text{黄Ⅰ}\pm\Delta_{\lambda_\text{黄Ⅰ}}=$ _____ (nm);

$\lambda_\text{黄Ⅱ}=\overline{\lambda}_\text{黄Ⅱ}\pm\Delta_{\lambda_\text{黄Ⅱ}}=$ _____ (nm);

$\lambda_\text{紫}=\overline{\lambda}_\text{紫}\pm\Delta_{\lambda_\text{紫}}=$ _____ (nm).

【思考题】

1. 当用钠光($\lambda_{绿}=589.3$ nm)垂直入射到 1 mm 内有 300 条刻痕的平面透射光栅上时,最多能看到几级光谱?

2. 根据你的实验结果,若实验中出现赤、橙、黄、绿、青、蓝、紫 7 种颜色的衍射条纹,则它们同一级衍射角 $\varphi_{赤}$、$\varphi_{橙}$、$\varphi_{黄}$、$\varphi_{绿}$、$\varphi_{青}$、$\varphi_{蓝}$、$\varphi_{紫}$ 之间的关系如何? 请排列大小顺序.

【附录】

光栅方程为

$$d \sin \varphi_k = k\lambda,$$

对上式两侧取自然对数,$\ln d = -\ln \sin \varphi_k + \ln k + \ln \lambda$,然后求微分可得

$$\frac{\Delta_d}{d} = -\cot \varphi_k \cdot \Delta_{\varphi_k},$$

故 $\Delta_d = \sqrt{(-d \cdot \cot \varphi_k \cdot \Delta \varphi_k)^2}$ ($\Delta\varphi = \pm 2' \approx \pm 0.00058$ 弧度).同理,

$$\frac{\Delta_\lambda}{\lambda} = \frac{\Delta_d}{d} + \cot \varphi_k \cdot \Delta_{\varphi_k},$$

结合光栅方程有 $\Delta_\lambda = \Delta_d \cdot \sin \varphi_k + \cot \varphi_k \cdot d \sin \varphi_k$,再进行方和根合成可得:

$$\Delta_\lambda = \sqrt{\sin^2 \varphi_k \cdot \Delta_d^2 + d^2 \cdot \cos^2 \varphi_k \cdot \Delta^2 \varphi_k}.$$

实验 18　光电效应测量普朗克常数

　　用合适频率的光照射金属物体时,会有电子从金属表面逸出,这种现象称为光电效应,逸出的电子叫光电子.光电效应最早是由赫兹在 1887 年进行电磁波实验研究时偶然发现的.当时的经典物理理论无法解释光电效应的某些规律,如红限频率和光电子逸出的瞬时性.1900 年普朗克在解决黑体辐射能量分布时提出"能量子"假设,即黑体吸收或发射电磁辐射能量时,不是当时经典物理所认为的那样可以连续地吸收或发射能量,而是只能以某个基本单元的整数倍来吸收或发射能量,这个基本单元 $\varepsilon = h\nu$ 称为能量子,其中 h 称为普朗克常数(公认值为 6.626×10^{-34} J·s).1905 年爱因斯坦在普朗克"能量子"假设的启发下,提出"光量子"的概念,并建立爱因斯坦方程,从而成功地解释了光电效应.之后密立根对光电效应进行了 10 年左右的研究,精确测出普朗克常数,并于 1916 年发表论文证实了爱因斯坦方程的正确性.在光电效应中光表现出粒子性,而光在传播时表现出波动性.1924 年德布罗意提出任何实物粒子都像光一样具有波粒二象性.可以说光电效应为量子力学的诞生奠定了坚实的理论和实验基础,有力地推动了近代物理学的发展.

　　目前光电效应已广泛应用于工业、军事等领域,利用光电效应制成的光电管、光电池、光电倍增管等器件已成为生产和科研中不可或缺的传感器和换能器.光电探测器和光电测量仪的应用也越来越广泛.另外,利用光电效应还可以制成光控继电器,用于自动控制、自动计数、自动报警、自动跟踪等.

【实验目的】

(1) 了解光电效应的规律,加深对光的量子性的理解.
(2) 验证爱因斯坦方程,求出普朗克常数.

【实验原理】

1. 光电效应

图 18-1 是光电效应的实验示意图,图中 GD 是光电管,K 是光电管阴极,A 为光电管阳极,G 为微电流计,V 为电压表,E 为电源,R 为滑动变阻器,调节 R 可以得到实验所需的加速电压 $U_{AK} = U_A - U_K$. 光电管的 A 和 K 之间可获得从 $-U$ 到 0 再到 $+U$ 连续变化的电压.实验用的单色光是从低压汞灯光谱中用干涉滤色片过滤得到的,其波长分别为 365 nm, 405 nm, 436 nm, 546 nm, 577 nm.无光照阴极时,阳极和阴极之间是断路的,G 中无电流通过.用光照射阴极 K 时,阴极释放出电子而形成阴极光电流(简称阴极电流).加速电压 U_{AK}(正值)越大,阴极电流就越大,当 U_{AK} 增加到一定数值后,阴极电流不再

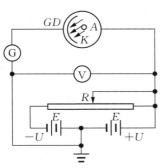

图 18-1　光电效应实验示意图

增大而达到某一饱和值 I_H，I_H 的大小和照射光的强度成正比，如图 18-2 所示.加速电压 U_{AK} 变为负值时,阴极电流会迅速减少,当加速电压 U_{AK} 达到一定数值时,阴极电流变为 "0",此时 U_{AK} 的数值称为截止电压,用 U_a 表示.截止电压 U_a 的大小与光的强度无关,而是随着照射光频率的增大而线性增大,如图 18-3 所示.

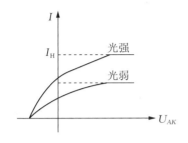

图 18-2 光电管的伏安特性

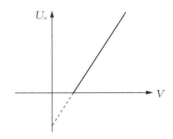

图 18-3 光电管截止电压的频率特性

当入射光的频率 ν 小于某个阈值 ν_0 时,无论入射光光强多大、照射时间多长,都没有光电子逸出;只有入射光频率 $\nu > \nu_0$ 时才有光电子逸出,ν_0 称为截止频率(也叫红限频率).不同金属材料做成的阴极,其截止频率也不同.但从经典物理学的角度来看,不管什么频率的光,只要光强足够大、照射时间足够长,电子就能积累足够的能量逸出金属表面.除此以外在实验中还测得,从光开始照射金属表面到光电子首次被发射出来,其时间间隔不超过 10^{-9} s,这称为光电效应的"瞬时性",经典物理学对此也无法解释.

2. 爱因斯坦方程

为了解决光电效应实验规律与经典物理理论的矛盾,1905 年,爱因斯坦受到普朗克能量子概念的启发,对光的本性提出新的理论.他认为光束可以看成由微粒构成的粒子流,这些粒子叫做光量子,简称光子.光子在真空中以光速 3×10^8 m/s 运动.对于频率为 ν 的光束,光子的能量为 $h\nu$.频率越高的光束,其光子能量越大.对于给定频率的光束来说,光的强度越大,就表示光子的数目越多.由此可见,对单个光子来说,其能量取决于频率,而对一束光来说,其能量既与频率有关,又与光子数目有关.

金属中的电子在吸收光子能量时,要么不吸收,要么完整吸收 1 个光子的能量.1 个电子同时吸收 2 个以上光子能量的概率很小,可以忽略不计.在下一次吸收光子能量前,电子会把上一次吸收的光子能量释放掉,因此电子无法通过延长光照时间来积累能量.电子逸出金属表面时需要做功,称为逸出功 W.电子逸出金属表面后的最大初动能为 $mv^2/2$,则由能量守恒可得

$$h\nu = \frac{1}{2}mv^2 + W, \tag{18-1}$$

(18-1)式称为光电效应的爱因斯坦方程.由(18-1)式可以看出,当光子频率为 ν_0($W = h\nu_0$)时,最大初动能 $mv^2/2 = 0$,电子刚好能逸出金属.如果入射光的频率小于 ν_0,吸收光子后电子的能量仍然不足以克服逸出功,也无法逸出金属表面.这就解释了截止频率的存在.只要 $\nu > \nu_0$,电子就能吸收光子能量逸出金属,不需要时间积累能量,这就解释了光电子发射的瞬时性.

当给光电管加上反向截止电压时,光电流减小到零,这表明此时具有最大初动能的光电子刚好被反向电压所阻挡,因而有

$$\frac{1}{2}mv^2 = eU_a. \tag{18-2}$$

将(18-2)式代入(18-1)式,可得

$$U_a = \frac{h}{e}\nu - \frac{W}{e}. \tag{18-3}$$

显然截止电压 U_a 与频率 ν 成线性关系,如图 18-3 所示.图 18-3 中直线的斜率 $k = h/e$,截距的绝对值为 W/e.这就提供了测量 h 和 W 的方法,即实验时用不同频率的单色光照射阴极,测出相应的截止电压,然后画出 U_a-ν 图,由此图的斜率与截距即可求出 h 和 W.

3. 零点法求截止电压 U_a

本实验的关键是正确地确定截止电压.在实际测量中如何正确地确定截止电压,必须根据所使用的光电管来决定.下面就专门对如何确定截止电压的问题作简要的分析与讨论.

图 18-4 是在理想情况下光电管的阴极光电流,但实验中实际测出来的光电流是阴极光电流、暗电流、本底电流和阳极光电流的叠加.光电管不受任何光的照射,在外加电压下仍有微弱电流流过,称为光电管的暗电流.本底电流是因为周围杂散光照射光电管而产生的.它们均使光电流不易为零,并随电压改变而改变.在光电管的制造过程中,工艺上很难保证阳极不被阴极材料所污染(这里污染的含义是指阴极表面的低逸出功材料溅射到阳极上),而且这种污染还会在光电管的使用过程中日趋加重.被污染后的阳极逸出功降低,当从阴极反射过来的散射光照到它时,便会发射出光电子而形成阳极光电流.实验中测得的电流特性曲线如图 18-5 中实线所示.由于阳极的污染,实验时出现反向电流,此时电流为零时所对应的电压 U'_a 不等于截止电压 U_a.另外,由于电极结构等种种原因,实际上负的反向阳极电流往往饱和缓慢,当加速电压反向增加到 U''_a 时,阳极反向电流仍未达到饱和,所以,反向电流刚开始饱和的拐点电压 U''_a 也不等于截止电压 U_a.

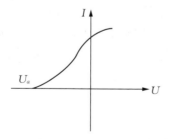

图 18-4　光电管理想的电流特性曲线

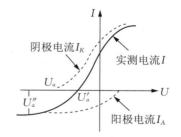

图 18-5　光电管老化后的电流特性曲线

总而言之,对于不同的光电管,应该根据其电流特性曲线的不同采用不同的方法来确定其截止电压.若电流特性曲线的正向电流上升得很快,反向电流很小,则可用电流为零时的电位差 U'_a 近似地当作截止电压 U_a(零点法).若反向特性曲线的反向电流虽然较大,

但其饱和速度很快,则可用反向电流开始饱和时(即反向电流绝对值刚开始减小)的"抬头点"电压 U_a'' 当作截止电压 U_a(拐点法).

【实验仪器】

FB807 型光电效应(普朗克常数)测定仪如图 18-6 所示,包括测定仪主机和光电检测装置两个部分.测定仪主机由微电流放大器和直流电压发生器等主要部件组成.光电检测装置由光电管暗箱、汞灯灯箱、汞灯电源箱和导轨等组成.光电管暗箱安装有滤色片、可调节光阑、挡光罩和光电管.汞灯灯箱安装有汞灯管和挡光罩.汞灯电源箱箱内安装镇流器,提供点亮汞灯的电源.

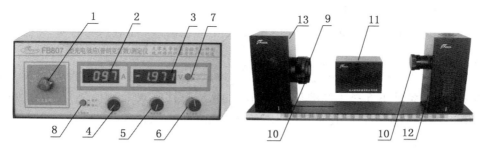

1-电流量程;2-光电管输出微电流表;3-光电管工作电压表;4-调零(微电流表);5-光电管工作电压调节(粗调);6-光电管工作电压调节(细调);7-光电管工作电压转换按钮(测量截止电位或测量伏安特性);8-光电信号开关;9-滤色片和可调节光阑;10-挡光罩;11-汞灯电源;12-汞灯箱;13-光电管暗箱

图 18-6　FB807 型光电效应(普朗克常数)测定仪

【实验内容与步骤】

1. 测试前准备

将 FB807 型光电效应测定仪与汞灯电源接通(光电管暗箱处于挡光态),预热 20 min.调整光电管与汞灯暗箱的距离为 30~40 cm,并保持不变.用专用连接线将光电管暗箱电压输入端与测定仪后面板上的电压输出端连接起来("红对红,黑对黑").将"电流量程"选择开关置于合适档位(测量截止电压时调到 10^{-13} A,测量伏安特性时调到 10^{-10} A 或 10^{-11} A).测定仪在开机或改变电流量程后,都需要进行调零.调零时应将光电信号开关按下(光电管电流输出与测定仪的微电流输入端断开),旋转"调零"旋钮使电流表读数为零.调节好后,将光电信号开关弹出(光电管电流输出与测定仪的微电流输入端连接).

2. 测量截止电压 U_a

由于本实验仪器的电流放大器灵敏度高、稳定性好,光电管阳极反向电流、暗电流和本底电流都很小,在测量各谱线的截止电压 U_a 时,可采用零点法,即直接将各谱线照射下测得的电流为零时对应的电压 U_{AK} 的绝对值作为截止电压 U_a.用零点法测得的截止电压与真实值相差较小,且各谱线的截止电压都相差 ΔU,对 U_a-ν 曲线的斜率无大的影响,因此对 h 的测量不会产生大的影响.

具体实验操作步骤如下:工作电压转换按钮置于"-4.5~$+2.5$ V",电流量程开关置于"10^{-13} A"档.按下光电信号开关,对微电流测量调零.然后将暗盒前面的转盘用手轻轻拉出约 3 mm 左右,即脱离定位销,把 $\phi 4$ mm 的光阑标志对准上面的白点,使定位销复位.再把装滤色片的转盘放在挡光位,即指示"0"对准上面的白点.然后把 365 nm 的滤色片转到窗口(通光口),此时把电压表显示的 U_{AK} 值调节为"-1.999 V";打开汞灯挡光盖,电流表显示对应的电流值 I 应为负值.用电压粗调和细调旋钮,逐步升高工作电压(即使负电压绝对值减小),当电压到达某一数值、光电管输出电流为零时,记录对应的工作电压 U_{AK},该电压即为 365 nm 单色光的截止电压 U_a.然后按顺序依次换上 405 nm,436 nm,546 nm,577 nm 的滤色片,重复以上测量步骤,记录各 U_a 值数据到表 18-1 中.

3. 测量光电管的伏安特性曲线

将工作电压转换按钮置于"$-4.5 \sim +30$ V",电流量程开关转换至"10^{-10} A"档,并对微安表重新调零.其余操作步骤与"测量截止电压 U_a"相同,不过此时要把每一个工作电压和对应的电流值加以记录,以便画出饱和伏安特性曲线,并对该特性曲线进行研究分析.

(1) 观察在同一光阑(射入光电管的光通量保持不变)、同一距离(光电管与汞灯箱的距离保持不变)条件下 5 条不同波长光照射时的伏安特性曲线.记录所测 U_{AK} 及 I 的数据到表 18-2 中,在坐标纸上画出对应于以上波长及光强的 5 条伏安特性曲线.

(2) 观察同一距离、不同光阑(射入光电管的光通量不同)、某条谱线(即某个波长的光)的饱和伏安特性曲线.在 U_{AK} 为 30 V 时,测量并记录对同一谱线、同一入射距离,而光阑分别为 2 mm,4 mm,8 mm 时对应的电流值于表 18-3 中,验证光电管的饱和光电流与入射光强成正比.

(3) 观察同一光阑、不同距离(改变光电管与汞灯箱的距离)、某条谱线的饱和伏安特性曲线.在 U_{AK} 为 30 V 时,测量并记录对同一谱线、同一光阑时,光电管与汞灯箱在不同距离(如 300 mm,350 mm,400 mm 等)对应的电流值于表 18-4 中,同样可以验证光电管的饱和光电流与入射光强成正比.

4. 测量光电管的暗电流曲线(选做)

将光电管暗箱窗口处的挡光罩盖上,工作电压转换按钮置于"$-4.5 \sim +2.5$ V",电流量程开关置于"10^{-13} A"档.按下光电信号开关,对微电流测量调零.用电压粗调和细调旋钮,逐步升高工作电压 U_{AK},记录不同 U_{AK} 下的暗电流数值,方法同"测量光电管的伏安特性曲线".自己设计表格记录数据,然后在坐标纸上画出暗电流曲线.

【注意事项】

(1) 汞灯点亮预热后,一旦开启就不要随便关闭,否则会降低其寿命.汞灯紫外线很强,不可直视.

(2) 使用时,室内人员不要在靠近仪器的地方走动,以免使入射到光电管的光强有变化,最好在光强一定的环境下实验.

(3) 更换滤色片时,应先将汞灯挡光罩盖上,以免光直接照射光电管而影响使用寿命.在实验结束后,要盖上光电管暗箱窗口处的挡光罩,以免光电管长期受光照射而老化.

(4) 电流微安表在使用前和换挡后必须进行调零.

【数据记录及处理】

1. 测量截止电压,作出 U_a-ν 曲线,求普朗克常数 h.

表 18-1 不同波长光的截止电压 U_a

入射光波长/nm	365	405	436	546	577
入射光频率 ν/$\times 10^{14}$ Hz	8.214	7.408	6.879	5.490	5.196
截止电压 U_a/V					

根据表 18-1 中的数据,在坐标纸上作出 U_a-ν 曲线.在 U_a-ν 曲线中任取两点 A 和 B,求出直线的斜率 k、普朗克常数 h 和相对误差 E_h.

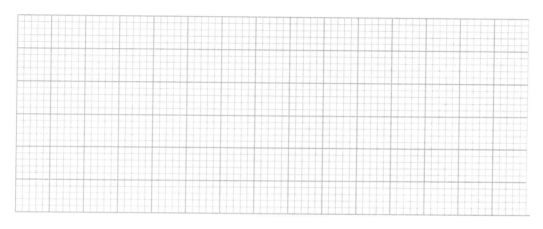

$$k = \frac{U_{aB} - U_{aA}}{\nu_B - \nu_A} = \underline{\hspace{2cm}} (\text{V} \cdot \text{s}),$$

$$h = k \cdot e = \frac{U_{aB} - U_{aA}}{\nu_B - \nu_A} \times 1.602 \times 10^{-19} = \underline{\hspace{2cm}} (\text{J} \cdot \text{s}),$$

$$E_h = \frac{|h - h_0|}{h_0} \times 100\% = \frac{|h - 6.626 \times 10^{-34}|}{6.626 \times 10^{-34}} \times 100\% = \underline{\hspace{2cm}}.$$

2. 测量光电管的伏安特性.

表 18-2 光电管的伏安特性测量数据记录及处理

光电管与汞灯距离 $L =$ _____ mm,光阑 $\phi =$ _____ mm

入射光波长/nm	i	1	2	3	4	5	⋯	29	30
365	U_{AK}/V								
	I/$\times 10^{-10}$ A								
405	U_{AK}/V								
	I/$\times 10^{-10}$ A								
436	U_{AK}/V								
	I/$\times 10^{-10}$ A								

续表

入射光波长/nm	i	1	2	3	4	5	...	29	30
546	U_{AK}/V								
	$I/\times10^{-10}$ A								
577	U_{AK}/V								
	$I/\times10^{-10}$ A								

根据不同频率光的 I-U_{AK} 值,在毫米坐标纸上做出 5 条不同波长光的伏安特性曲线,观察其特点.

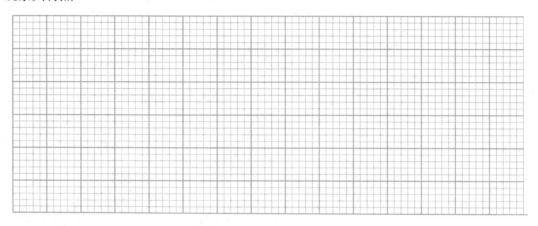

3. 测量不同光阑孔径下的饱和光电流.

表 18-3　不同光阑孔径下的饱和光电流数据记录及处理

$U_{AK}=$＿＿＿＿＿＿V,$\lambda=$＿＿＿＿＿＿nm,$L=$＿＿＿＿＿＿mm

光阑 ϕ/mm	2	4	8
$I_{H}/\times10^{-10}$ A			

4. 测量不同入射光距离的饱和光电流.

表 18-4　不同入射光距离的饱和光电流数据记录及处理

$U_{AK}=$＿＿＿＿＿＿V,$\lambda=$＿＿＿＿＿＿nm,$\phi=$＿＿＿＿＿＿mm

距离 L/mm	300	350	400
$I_{H}/\times10^{-10}$ A			

【思考题】

1. 在光电效应的实验规律中,哪些是经典物理学所无法解释的? 现代量子理论又是如何解释这些实验规律的?

2. 在实验中如何用零点法和拐点法确定截止电压? 这两种方法分别适用于什么情况?

实验 19 迈克尔逊干涉仪的调节和使用

迈克尔逊干涉仪是 1883 年美国物理学家迈克尔逊(A. A. Michelson)和莫雷(E. W. Morley)合作,为研究"以太漂移"而设计制造出来的精密光学仪器.实验结果否定了以太理论,促进了相对论的建立,为近代物理学的诞生和兴起开辟了道路.迈克尔逊干涉仪利用分振幅法产生双光束以实现光的干涉,可以用来观察光的等倾、等厚和多光束干涉现象,测定微小长度变化、单色光的波长、透明体的折射率和光源的相干长度等,在近代物理和计量技术中有广泛的应用.迈克尔逊干涉仪的基本结构和巧妙的设计思想给科学工作以重要的启迪,为后人研制各种各样的干涉仪打下了基础.迈克尔逊因发明干涉仪和光速的精密测量而获得 1907 年诺贝尔物理学奖.

【实验目的】

(1) 了解迈克尔逊干涉仪,学会调整和使用.
(2) 利用迈克尔逊干涉仪观察干涉现象.
(3) 学习用迈克尔逊干涉仪测量 He-Ne 激光波长的方法.

【实验原理】

1. 迈克尔逊干涉仪的结构

迈克尔逊干涉仪的结构如图 19-1 所示.M_1 和 M_2 是一对精密磨光的平面反射镜,置于互相垂直的两臂上.M_1 是固定在导轨上的,可以在导轨上前后移动,所以叫动镜.M_2 是固定不动的,称为定镜.在两臂轴的相交处,固定有一块与两臂成 45°角的平面玻璃板 G_1,G_1 的两面严格平行,其背面镀有半反半透膜,它能把入射光分成光强近似相等的两束光:一束是反射光(1),一束是透射光(2).所以 G_1 称为分光板.反射光(1)射向平面镜 M_1,被反射后再次通过 G_1 到达到观测屏 E 处.透射光(2)射向平面镜 M_2,被反射至 G_1 的背面(镀膜面),再被反射到达观测屏 E 处.这两束光是相干光,在 E 处会合产生干涉现象.这样一来,光束(1)经过玻璃板 G_1 共 3 次,而光束(2)经过玻璃板 G_1 只有 1 次,它们在玻璃板中的光程不相等.因此,在 G_1 和 M_2 之间放置一块与 G_1 相平行的平面玻璃板 G_2,G_2 的折射率和厚度均与 G_1 相同,于是光束(2)经过玻璃板也是 3 次,因而光束(1)和(2)经过玻璃板的光程相等,在玻璃中也就不会产生光程差,只需要考虑空气中的光程差.玻璃板 G_2 的作用是为了补偿其光程差,故称为补偿板.有了它,两束光的光程差只需考虑两者在空气中的几何光程差就可以了.

反射镜 M_2 是固定的,因而相对于 G_1 的镀膜面的距离是一定的.M_1 可沿臂轴方向的导轨移动,即 M_1 相对于 G_1 的镀膜面的距离是可以改变的.因此两光束之间的光程差可以改变,从而改变干涉图样的状态.M_2 被 G_1 反射的虚像 M_2' 位于 M_1 附近.如图 19-2 所

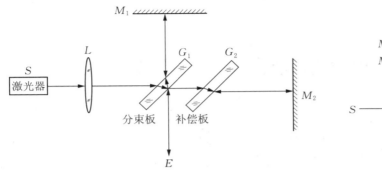

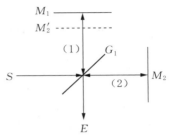

图 19-1　迈克尔逊干涉仪原理图　　　图 19-2　迈克尔逊干涉仪等效光路图

示.由于 M_2' 是 M_2 的虚像,在研究干涉时,M_2' 与 M_2 是等效的,所以用 M_2' 代替 M_2 讨论问题不会影响所得结果.设 M_2' 与 M_1 之间的距离为 d,d 的大小随 M_1 的移动而变化.如果 M_1 与 M_2 严格垂直,即 M_1 与 M_2' 严格平行,在 M_1 和 M_2' 之间形成"空气层",则由 M_1 和 M_2' 的反射光线产生的干涉,与具有平行表面的薄膜干涉类似.当 M_1 与 M_2' 不严格平行,在 M_1 和 M_2' 之间形成一空气劈尖,则来自 M_1 和 M_2' 的光线的干涉是劈尖干涉.本实验仅考虑 M_1 与 M_2 严格垂直的情况.

　　2. 干涉条纹特点和规律

　　由迈克尔逊干涉仪产生的双光束干涉的形成条件与条纹的特点不仅与 M_1 和 M_2 的相对位置有关,而且与所用光源有关.本实验用的是 He-Ne 多束光纤激光.用扩束镜汇聚

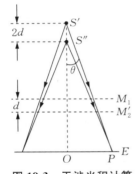

图 19-3　干涉光程计算

的激光束是一个线度小、强度大的相干性很好的点光源,它向空间发射球面波.点光源经 M_1 和 M_2 平面镜反射后,在 E 处观察时,好像在 M_1 和 M_2' 后面的两个虚光源 S' 和 S'' 发出的相干光束,但 S' 和 S'' 间的距离为 M_1 和 M_2' 间的距离的两倍,即 $\overline{S'S''}=2d$,如图 19-3 所示.由这两个虚点光源发出的球面波,在它们相遇的空间处处相干,因此是非定域干涉,即在两束光相遇的空间内均能用观察屏接收到干涉图像.

　　由于是非定域干涉,故接收屏在不同的方向和位置观察到的图像形状有所不同.当观察屏垂直 S' 和 S'' 的连线时,即观察屏平行于 M_2 时,看到的是明暗相间的同心圆条纹,圆心就是 S' 和 S'' 连线的延长线与屏的交点.如转动观察屏不同角度,则可看到椭圆、双曲线和直线几种图像.但在实际情况下,放置屏的空间是有限的,只有圆和椭圆容易观察.通常把屏 E 放在垂直于 $S'S''$ 连线的 OP 处,对应的干涉花样是一组同心圆,圆心在 $S'S''$ 延长线和屏的交点 O 上.由 $S'S''$ 到屏上任一点 P,两光线的光程差 δ 为

$$\delta = S'P - S''P.$$

当 O 到 S' 的 $L \gg d$ 时,近似有

$$\delta = 2d\cos\theta. \tag{19-1}$$

在 P 点形成干涉条纹的条件为

$$\delta = 2d\cos\theta = \begin{cases} k\lambda, & \text{明纹}, \\ (2k+1)\lambda/2, & \text{暗纹} \end{cases} \quad (k=0,1,2,\cdots), \tag{19-2}$$

由(19-2)式作进一步分析,可以揭示干涉条纹的特点及变化规律如下:

(1) 在倾角 θ 相等的方向上两相干光束的光程差 δ 均相等.具有相等的 δ 的各方向光束形成一锥面,因此在无穷远处形成的等倾干涉条纹呈圆环形,这时眼睛对无穷远调焦就可以看到一系列的同心圆.

(2) 若 d 保持不变,则当 $\theta=0$ 时,光程差最大,k 最大,即圆心点所对应的干涉条纹级次最高;当 θ 增大时 k 减小,即离开圆心越远,条纹级次越低.这与牛顿环条纹的级次顺序相反.

(3) 对(19-2)式微分,可得

$$\mathrm{d}\theta=\frac{\lambda}{2d\sin\theta}\mathrm{d}k. \tag{19-3}$$

(19-3)式的物理意义如下:当 d 一定(干涉条纹不动)时,随着 θ 的变大,对于一定的条纹级次变化数 $\mathrm{d}k$(如每相邻两条纹的 $\mathrm{d}k=1$),$\sin\theta$ 的值变大,则 $\mathrm{d}\theta$ 逐渐减小.换句话说,干涉条纹的间距越来越小,即条纹的分布越来越密、越细.当 θ 一定时,随着 d 的变大(光程差也变大,干涉条纹移动),对于一定的条纹变化数 $\mathrm{d}k$,相应的 $\mathrm{d}\theta$ 逐渐减小,即整体条纹越来越密、越细,图像越小;反之,当 d 变小时,整体条纹越来越稀、越粗,图像越大.

3. 波长测量原理

对于条纹圆心处,$\theta=0$,(19-2)式变为

$$\delta=2d=\begin{cases}k\lambda,\text{明纹},\\(2k+1)\lambda/2,\text{暗纹}\end{cases}\quad(k=0,1,2,\cdots). \tag{19-4}$$

转动手轮使精密丝杆带动 M_1 移动,改变 d,如使 d 增大,k 随之增大,中心处必有条纹"冒出",并向外扩张;反之,当 d 减小时,k 随之减小,条纹必向中心收缩并被"缩进".在实验时,主要是利用改变 d 的大小,测出中心处的干涉条纹变化数,进而测出波长 λ.当 d 改变时,如由 d_1 增加到 d_2,条纹的级次将由 k_1 增加到 k_2,根据(19-4)式可得

$$2d_1=k_1\lambda,$$

$$2d_2=k_2\lambda.$$

上述两式相减,可得

$$2(d_2-d_1)=(k_2-k_1)\lambda.$$

设 $\Delta d=d_2-d_1$,$N=k_2-k_1$,则有 $2\Delta d=N\lambda$,即

$$\lambda=\frac{2\Delta d}{N}. \tag{19-5}$$

(19-5)式就是测量 λ 的公式.其中,Δd 是 M_2' 与 M_1 间距 d 的变化量,N 是对应于 Δd 的条纹变化数.当 $N=1$ 时,$\Delta d=\lambda/2$.也就是说,当 d 改变半个波长时,圆中心处就有一个条纹"冒出"或"缩进"能被观测到.由此也可知迈克尔逊干涉仪测量的精确程度是相当高的.测量时改变 d,记录 d_1 和 d_2 以及对应的条纹变化数 N,由(19-5)式即可求出入射光的波长 λ.反之,如果 λ 已知,可测出 d 的微小改变量 Δd.

【实验仪器】

HNL-55700 型多光束光纤激光源、WSM-100 型迈克尔逊干涉仪.

如图 19-4 所示,迈克尔逊干涉仪的读数装置由以下 3 个部分组成.

(1) 主尺.装在导轨侧面的毫米刻度尺,由拖板上的短线指示出毫米以上的读数,只读到毫米整数位,不估读.

(2) 粗调手轮.控制与精密丝杠直接相连的刻度圆盘,圆盘上有 100 个分格,粗调手轮转动动 1 周,动镜 M_1 移动 1 mm.转动粗调手轮,使读数窗口中的刻度盘读数改变 1 个分格时,M_1 移动 0.01 mm.

(3) 微调鼓轮.其上刻有 100 个分格,转动 1 周使 M_1 移动 0.01 mm,转 1 个分格,使 M_1 只移动 0.000 1 mm,读数时下面还要再估读 1 位.

整个读数为这 3 个部分读数之和,以毫米为单位,可以准确读到小数点后第四位 (1/10 000 mm),包括估读的一位读到小数点后第五位(1/100 000 mm).连同前面毫米数的整数部分,共可读出 7 位有效数字.由此也可知迈克尔逊干涉仪测量的精确程度.当然这种读数装置的精确程度是与仪器本身测量原理的精确程度相适应的.

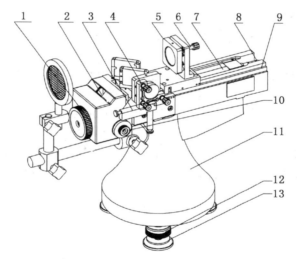

1-粗调手轮;2-刻度盘;3-微调螺丝;4-固定镜 M_2;5-移动镜 M_1;6-调节螺钉;7-丝杆;8-滚花螺母;9-导轨;10-微调鼓轮;11-底座;12-锁紧圈;13-调节螺钉

图 19-4 迈克尔逊干涉仪

【实验内容与步骤】

1. 观察干涉现象

(1) 接通激光器电源,待激光器正常工作后,调节激光束射向 G_1 的中部,并大致垂直于固定镜 M_2.转动粗动手轮,将动镜 M_1 的位置移至导轨侧面主尺刻度约 52 mm 处,此位置为定镜 M_2 和动镜 M_1 相对于分光板的大约等光程位置.

(2) 调节光点重合.去掉观察屏,视线对着 G_1 观察,可以看到由 M_1 和 M_2 各自反射的两排光点像,仔细调整 M_1 和 M_2 后的两只调节螺钉,使两排光点像严格重合,这样 M_1

和 M_2 就基本垂直,即 M_1 和 M_2' 就互相平行了.

（3）定性观察干涉条纹.装上观察屏,可在屏上观察到非定域干涉条纹,再轻轻调节 M_2 后的微调螺钉,使出现的圆条纹中心处于投影屏中心.转动粗调手轮,使圆形干涉条纹大小适当,定性观察干涉条纹的分布情况.向某一方向转动微调鼓轮,观察干涉条纹的"冒出"或"缩进"现象.

（4）练习读数.迈克尔逊干涉仪的测量精度很高,以毫米为单位,可以读到小数点后第五位,即"××.×××××mm".读数的整数部分由导轨侧面刻度尺读出（不估读）;读数小数点后的前两位,由正面的读数窗口内刻度盘读出（不估读）;读数小数点后的第三位到第五位,由右边的微调鼓轮读出,其中第五位是估读的.

2. 测量 He-Ne 激光的波长

（1）读数刻度基准线零点的调整.将微调鼓轮沿某一方向旋至零,然后以同一方向转动粗调手轮使之对齐某一刻度,以后测量时使用微调鼓轮必须以同一方向转动.值得注意的是,微调鼓轮有反向空程差,实验中如需反向转动,需要重新调整零点.

（2）慢慢转动微调鼓轮,可以观察到使条纹的变化处于"冒出"或"缩进",当中心最里面的一条圆形暗纹缩为一暗斑时,开始记录读数 d.再向同一方向转动微调鼓轮,每"冒出"或"缩进"50 个条纹,中间的一条暗纹也刚好缩为一暗斑,此时记录一次读数.共测量 8 组数据,每测一次算出相应的 $\Delta d = |d_{k+1} - d_k|$,以检验实验的可靠性.

【注意事项】

（1）不得用眼睛直视激光束,以免损伤眼睛.

（2）为了消除螺丝之间的回程或空程误差,调节测量时可以使粗调手轮和细调手轮按同一方向旋转,即先使粗调手轮顺时针（或逆时针）旋转,而细调手轮也同样顺时针（或逆时针）旋转.

（3）实验时要特别注意保持安静,不要随意来回走动,以免影响自己和他人数条纹,影响实验结果.

【数据记录及处理】

1. 在表 19-1 中记录波长测量数据,利用逐差法计算 Δd.

表 19-1　波长测量的数据记录及处理

次数	d_k/mm	次数	d_k/mm	$\Delta d_k = (d_{k+4} - d_k)$/mm	$\overline{\Delta d} = \overline{d_{k+4} - d_k}$/mm
1		5			
2		6			
3		7			
4		8			
$\lambda = \dfrac{2\overline{\Delta d}}{50 \times 4} = $ _____				$E_\lambda = \dfrac{|\overline{\lambda} - \lambda_0|}{\lambda_0} \times 100\% = $ _____	

2. 由 $\lambda = 2\Delta d/N$ 计算 λ,并与标准值(He-Ne 激光波长 $\lambda_0 = 632.8$ nm)比较,计算百分误差.

【思考题】

1. 如何避免测量过程中的空程误差?

2. 在实验中,当等倾干涉条纹从中央冒出时,M_1 与 M_2' 是处于相互接近中,还是正在相互远离? 为什么?

附　录

附录 1　实验报告示例

实验 1　牛顿环

【实验目的】

1. 观察光的等厚干涉现象,了解等厚干涉的特点.

2. 学习用干涉方法测量平凸透镜的曲率半径.

3. 掌握读数显微镜的使用方法.

4. 学习用逐差法处理数据.

【实验原理】

1. 牛顿环

牛顿环是由曲率半径很大的平凸透镜叠合在平板玻璃上组成的,平凸透镜的凸面和平板玻璃的表面之间形成了一个空气薄层,其厚度由中心到边缘逐渐增加.当平行单色光垂直照射时,经空气薄膜层上、下表面反射的光在凸面处相遇将产生干涉,其干涉图样是以玻璃接触点为中心的一组明暗相间的同心圆环,如附图 1 所示.这一现象是牛顿发现的,故称这些环纹为牛顿环.

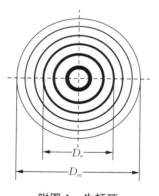

附图 1　牛顿环

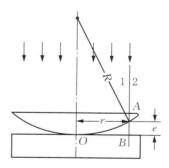

附图 2　牛顿环光路图

2. 干涉原理

如附图 2 所示,设平凸玻璃板的曲率半径为 R,与接触点 O 相距为 r 处的空气薄层厚度为 e,那么,由几何关系有

$$R^2 = (R-e)^2 + r^2 = R^2 - 2Re + e^2 + r^2,$$

因 $R \gg e$,所以,e^2 项可以忽略不计,有

$$e = \frac{r^2}{2R}. \tag{1}$$

167

现在考虑垂直入射到 r 处的一束光,它经薄膜层上下表面反射后在凸面处相遇时,其光程差

$$\delta = 2e + \lambda/2, \tag{2}$$

其中,$\lambda/2$ 为光从平板玻璃表面反射时的半波损失.把(1)式代入得

$$\delta = \frac{r^2}{R} + \frac{\lambda}{2}. \tag{3}$$

由干涉理论,产生暗环的条件为

$$\delta = (2k+1)\frac{\lambda}{2} \quad (k=0,1,2,3,\cdots). \tag{4}$$

从(3)式和(4)式可以得出,第 k 级暗纹的半径为

$$r_k^2 = kR\lambda \quad (k=0,1,2,3,\cdots). \tag{5}$$

3. 测量原理

由(5)式可知,如果已知光波波长 λ,只要测出 r_k,即可求出曲率半径 R.反之,已知 R 也可求出波长 λ.由于各种原因,环的几何中心无法准确确定,因此,通常取两个暗环直径的平方差来计算 R.

根据(5)式,第 m 环暗纹和第 n 环暗纹的直径可表示为

$$D_m^2 = 4mR\lambda, \tag{6}$$

$$D_n^2 = 4nR\lambda. \tag{7}$$

把(6)式和(7)式相减得到

$$D_m^2 - D_n^2 = 4(m-n)R\lambda, \tag{8}$$

则曲率半径为

$$R = \frac{D_m^2 - D_n^2}{4(m-n)\lambda}. \tag{9}$$

【实验仪器】

读数显微镜,钠光灯(单色光源,$\lambda_{绿}=589.3$ nm),牛顿环仪.

【实验内容与步骤】

1. 观察牛顿环的干涉图样

(1) 调整牛顿环仪的 3 个调节螺丝,把自然光照射下的干涉图样移到牛顿环仪的中心附近.注意调节螺丝不能太紧,以免中心暗斑太大甚至损坏牛顿环仪.把牛顿环仪置于显微镜的正下方,调节读数显微镜上 $45°$ 角半反射镜的位置,直至从目镜中能看到明亮的均匀光照.

(2) 调节读数显微镜的目镜,使"十"字叉丝清晰,自下而上调节物镜直至观察到清晰的干涉图样.移动牛顿环仪,使中心暗斑(或亮斑)位于视域中心,调节目镜系统,使叉丝横丝与读数显微镜的标尺平行,消除视差,并观察待测的各环左右是否都在读数显微镜的读数范围之内.

2. 测量牛顿环的直径

（1）选取要测量的 m 和 n 各 5 个条纹，如取 m 为 20，19，18，17，16 共 5 个环，n 为 10，9，8，7，6 共 5 个环.

（2）转动鼓轮，先使镜筒向左移动，顺序数到 24 环，再向右转到 20 环，使叉丝尽量对准干涉条纹的中心，记录读数.然后继续转动测微鼓轮，使叉丝依次与 20，19，18，17，16，10，9，8，7，6 环对准，顺次记下读数.再继续转动测微鼓轮，使叉丝依次与圆心右 6，7，8，9，10，16，17，18，19，20 环对准，也顺次记下各环的读数，求得各环的直径，如 $D_{20} = |d_{20左} - d_{20右}|$.注意在一次测量过程中，测微鼓轮应沿一个方向旋转，中途不得反转，以免引起回程差.

【注意事项】

（1）钠光灯的电源开关不要频繁开启关闭，以免减少灯管寿命.

（2）牛顿环仪、透镜和显微镜的光学表面不清洁，要用专门的擦镜纸轻轻揩拭.

（3）测量显微镜的测微鼓轮在每一次测量过程中只能向一个方向旋转，中途不能反转.

（4）当用镜筒对待测物聚焦时，为了防止损坏显微镜物镜，正确的调节方法是使镜筒移离待测物.

【数据记录及处理】

1. 将数据记录在附表 1 中，计算暗环直径和平均值 $\overline{D_m^2 - D_n^2}$.

附表 1　牛顿环的测量数据记录和处理参考表

环 数			直径 D_m /mm	环 数			直径 D_n /mm	$D_m^2 - D_n^2$ /mm²
m	左/mm	右/mm		n	左/mm	右/mm		
20	24.465	16.433	8.032	10	23.773	17.131	6.642	20.396 9
19	24.397	16.498	7.899	9	23.683	17.201	6.482	20.377 9
18	24.333	16.565	7.768	8	23.613	17.298	6.315	20.462 6
17	24.288	16.641	7.647	7	23.522	17.373	6.149	20.666 4
16	24.213	16.701	7.512	6	23.438	17.486	5.970	20.789 2
$\overline{D_m^2 - D_n^2} = 20.538\ 6$ mm²								

2. 计算平凸透镜曲率半径 R 及其不确定度 Δ_R.

$\lambda = 589.3$ nm $= 5.893 \times 10^{-4}$ mm，$m - n = \underline{\quad 10 \quad}$.

曲率半径的最佳估计值为

$$\overline{R} = \frac{\overline{D_m^2 - D_n^2}}{4(m-n)\lambda} = 871.313 (\text{mm}),$$

$$\Delta_A = S_{D_m^2 - D_n^2} = \sqrt{\frac{\sum \left[(D_m^2 - D_n^2)_i - \overline{(D_m^2 - D_n^2)} \right]^2}{k - 1}} = 0.181 (\text{mm}^2)(本实验\ k = 5).$$

$$\Delta(D_m^2 - D_n^2) \approx \Delta_A = 0.181 (\text{mm}^2),$$

$$\Delta_R = \frac{\Delta(D_m^2 - D_n^2)}{4(m-n)\lambda} = 7.68(\text{mm}).$$

3. 写出实验结果

$$R = \overline{R} \pm \Delta_R = 871 \pm 8(\text{mm}).$$

【思考题】

1. 牛顿环干涉条纹形成在哪一个面上？产生的条件是什么？

答：牛顿环干涉条纹形成在平凸透镜的下表面附近区域.它产生的条件是：当从空气薄膜的上下表面反射回来的两相干光,它们的光程差满足入射单色光波波长的整数倍时,根据干涉理论,是干涉相长,出现明纹；反之,当光程差满足入射单色光波半波长的奇数倍时,是干涉相消,出现暗纹.由薄膜的特点可知,本实验的干涉花样是以平凸透镜与平板玻璃的交点为圆心的一组明暗相间的同心圆环.

2. 牛顿环干涉条纹的中心在什么情况下是暗的,在什么情况下是亮的？

答：在正常情况下,牛顿环干涉条纹的中心是暗斑.因为中心点为平凸透镜和平板玻璃的接触点,几何距离为零,光程差只有半波损失引起的半个波长,满足干涉原理的相干相消情况.如果有灰尘进入平凸透镜和平板玻璃之间,就会引起光程差的变化.当满足半个波长的整数倍时,即满足干涉加强条件,就会出现亮斑.

附录 2 用计算器计算 S_x

目前,使用袖珍计算器对实验数据进行处理已相当普遍.下面就标准偏差 S_x 和算术平均值 $\bar{x}$ 的计算简要介绍如下.

1. 标准偏差公式的另一种表示形式

$$S_x = \sqrt{\frac{\sum (x_i - \bar{x})^2}{n-1}}.$$

将 $\bar{x} = \sum x_i / n$ 代入上式,得

$$S_x = \sqrt{\frac{\sum x_i^2 - 2\dfrac{(\sum x_i)^2}{n} + n \times \dfrac{(\sum x_i)^2}{n^2}}{n-1}} = \sqrt{\frac{\sum x_i^2 - \dfrac{(\sum x_i)^2}{n}}{n-1}}.$$

这就是计算器说明书中所用的计算表达式,它可直接利用测量值 x_i 来计算一测量列的标准偏差.

2. 计算步骤和方法

一般计算器都已编有标准偏差的计算程序,按下列步骤进行操作即可.

(1) 函数模式选择开头置于"SD"位置(SD 是英文名词"standard deviation"的缩写).

(2) 顺次按"INV"和"AC",以清除"SD"中所有内存,准备输入所要计算的数据.

(3) 在键盘上每次输入一个数据后,按一次"M+"键,将 x_i 数据输入计算器.

(4) 在所有数据输入后,按"σ_{n-1}"(即相当于 S_x)键,则显示该测量列的标准偏差 S_x; 按"$\bar{x}$"键,则显示该测量列的算术平均值;按"σ_n"键(即相当于 $S_{\bar{x}}$),则显示该测量列平均值的标准偏差 $S_{\bar{x}}$.

(5) 当有错误数据输入而要删去时,可在输入该错误数据后,按"INV"和"M+"两键,就可以将已输入的数据删除.

附录 3 物理量的单位

在物理学的理论计算和实验测量中,必须规定物理量的单位.本书采用的是通用的国际单位制(SI 制),这与我国正在推行的法定计量单位是一致的.当然,也保留少数国内、国外通用的非国际单位制的单位.

附表 2 国际单位制的基本单位

量的名称	单位名称	单位符号	量的名称	单位名称	单位符号
长度	米	m	热力学温度	开[尔文]	K
质量	千克	kg	物质的量	摩[尔]	mol
时间	秒	s	发光强度	坎[德拉]	cd
电流	安[培]	A			

附表 3 国际单位制的辅助单位

量的名称	单位名称	单位符号
平面角	弧度	rad
立体角	球面度	sr

附表 4 国际单位制中具有专门名称的导出单位

量的名称	单位名称	单位符号	其他表示示例
频率	赫[兹]	Hz	s^{-1}
力、重力	牛[顿]	N	$kg \cdot m \cdot s^{-2}$
压力、压强、应力	帕[斯卡]	Pa	$N \cdot m^{-2}$
能量、功、热	焦[耳]	J	$N \cdot m$
功率、辐射通量	瓦[特]	W	$J \cdot s^{-1}$
电荷量	库[仑]	C	$A \cdot s$
电位(电势)、电压、电动势	伏[特]	V	$W \cdot A^{-1}$
电容	法[拉]	F	$C \cdot V^{-1}$
电阻	欧[姆]	Ω	$V \cdot A^{-1}$
电导	西[门子]	S	$A \cdot V^{-1}$
磁通量	韦[伯]	Wb	$V \cdot s$
磁通量密度、磁感应强度	特[斯拉]	T	$Wb \cdot m^{-2}$
电感	亨[利]	H	$Wb \cdot A^{-1}$
摄氏温度	摄氏度	℃	

续表

量的名称	单位名称	单位符号	其他表示示例
光通量	流[明]	lm	cd · sr
光照度	勒[克斯]	lx	lm · m^{-2}
放射性活度	贝可[勒尔]	Bg	s^{-1}
吸收剂量	戈[瑞]	Gy	J · kg^{-1}
剂量当量	希[沃特]	Sv	J · kg^{-1}

附表 5　国家选定的非国际单位制单位

量的名称	单位名称	单位符号	换算关系和说明
时间	分 (小)时 天(日)	min h d	1 min＝60 s 1 h＝60 min 1 d＝24 h
平面角	[角]秒 [角]分 度	(″) (′) (°)	1″＝(π/648 000)rad 1′＝60″ 1°＝60′＝(π/180)rad
旋转速度	转每分	r/min	1 r/min＝(1/60)s^{-1}
长度	海里	nmile	1 nmile＝1 852 m,只用于航行
速度	节	kn	1 kn＝1 nmile · h^{-1},只用于航行
质量	吨 原子质量单位	t u	1 t＝10^3 kg 1 u≈1.660 565 5×10^{-27} kg
体积	升	L(l)	L＝1 dm^3＝10^{-3} m^3
能量	电子伏特	eV	1 eV＝1.602 189 2×10^{-19} J
级差	分贝	dB	
线密度	特(克斯)	tex	1 tex＝1 g · km^{-1}

附表 6　用于构成十进倍数和分数单位的词头

所表示的因数	词头名称	词头符号	所表示的因数	词头名称	词头符号
10^{18}	艾(可萨)	E	10^{-1}	分	d
10^{15}	拍(它)	P	10^{-2}	厘	c
10^{12}	太(拉)	T	10^{-3}	毫	m
10^{9}	吉	G	10^{-6}	微	μ
10^{6}	兆	M	10^{-9}	纳	n
10^{3}	千	k	10^{-12}	皮(可)	p
10^{2}	百	h	10^{-15}	飞(母托)	f
10^{1}	十	da	10^{-18}	阿(托)	a

附录4 常用物理数据表

附表7 基本物理常数

物理量	符号	数　值	单位
光速	c	$2.997\,924\,58 \times 10^8$	$m \cdot s^{-1}$
真空磁导率	μ_0	$4\pi \times 10^{-7}$	$N \cdot A^{-2}$
真空介电常数	ε_0	$8.854\,187\,817 \times 10^{-12}$	$F \cdot m^{-1}$
牛顿引力常数	G	$6.672\,59(8\,5) \times 10^{-11}$	$m^3 \cdot kg^{-1} \cdot s^{-2}$
普朗克常数	h	$6.626\,075\,5(40) \times 10^{-34}$	$J \cdot s$
基本电荷	e	$1.602\,177\,33(4\,9) \times 10^{-19}$	C
电子质量	m_e	$0.910\,938\,97(5\,4) \times 10^{-30}$	kg
电子荷质比	$-e/m_e$	$-1.758\,819\,62(5\,3) \times 10^{11}$	C/kg
质子质量	m_p	$1.672\,623\,1(10) \times 10^{-27}$	kg
里德伯常数	R_∞	$1.097\,373\,177 \times 10^7$	m^{-1}
精细结构常数	α	$7.297\,353\,08(3\,3) \times 10^{-3}$	
阿伏伽德罗常数	N_A	$6.022\,136\,7(36) \times 10^{23}$	mol^{-1}
摩尔体积常数	R	$8.314\,510\,(70)$	$J \cdot mol^{-1} \cdot K^{-1}$
玻尔兹曼常数	K	$1.380\,658\,(12) \times 10^{-23}$	$J \cdot K^{-1}$
摩尔体积(标况)	V_M	$22.414\,10(2\,9)$	$L \cdot mol^{-1}$
圆周率	π	$3.141\,592\,65$	
自然对数底	e	$2.718\,281\,83$	

附表8 在20℃时常用固体和液体的密度

物　质	密度 $\rho / (\times 10^3 kg \cdot m^{-3})$	物　质	密度 $\rho / (\times 10^3 kg \cdot m^{-3})$
铝	2.699	水晶玻璃	2.900～3.000
铜	8.960	窗玻璃	2.400～2.700
铁	7.874	冰	0.800～0.920
银	10.500	石蜡	0.880～0.915
金	19.320	甲醇	0.792
钨	19.300	乙醇	0.789
铂	21.450	乙醚	0.714
铅	11.350	汽车汽油	0.710～0.720
锡	7.298	弗里昂-12	1.329
水银	13.546	变压器油	0.840～0.890
钢	7.600～7.900	甘油	1.060
石英	2.500～2.800	蜂蜜	1.435

附表 9　在 20 ℃时液体的表面张力系数

液　　体	$\alpha/(\times 10^{-3}\,\mathrm{N\cdot m^{-1}})$	液　　体	$\alpha/(\times 10^{-3}\,\mathrm{N\cdot m^{-1}})$
汽油	21	甘油	63
石油	30	水银	513
煤油	24	甲醇	22.6
松节油	28.8	甲醇(在 0 ℃时)	24.5
水	72.75	乙醇	22.0
肥皂液	40	乙醇(在 60 ℃时)	13.4
弗里昂-12	9.0	乙醇(在 0 ℃时)	24.1
蓖麻油	36.4		

附表 10　在不同温度下水的表面张力系数

温度(℃)	$\alpha/(\times 10^{-3}\,\mathrm{N\cdot m^{-1}})$	温度/℃	$\alpha/(\times 10^{-3}\,\mathrm{N\cdot m^{-1}})$	温度/℃	$\alpha/(\times 10^{-3}\,\mathrm{N\cdot m^{-1}})$
0	75.62	16	73.34	30	71.15
5	74.90	17	73.20	40	69.55
6	74.76	18	73.14	50	67.90
8	74.48	19	72.89	60	66.17
10	74.20	20	72.75	70	64.41
11	74.07	21	72.60	80	62.60
12	73.92	22	72.44	90	60.74
13	73.78	23	72.28	100	58.84
14	73.64	24	72.12		
15	73.48	25	71.96		

附表 11　在 20 ℃时金属的杨氏模量

金属	杨氏模量 $Y/$ $(\times 10^{11}\,\mathrm{N\cdot m^{-2}})$	金属	杨氏模量 $Y/$ $(\times 10^{11}\,\mathrm{N\cdot m^{-2}})$
铝	0.69～0.70	镍	2.03
钨	4.07	铬	2.35～2.45
铁	1.86～2.06	合金钢	2.06～2.16
铜	1.03～1.27	碳钢	1.96～2.06
金	0.77	康铜	1.60
银	0.69～0.80	铸钢	1.72
锌	0.78	硬铝合金	0.71

附表 12　常用光源的谱线波长　　　　　　　　　　单位:nm

	Hg(汞)							Na(钠)	
橙	黄1	黄2	绿	绿蓝	蓝	蓝紫1	蓝紫2	黄1	黄2
623.44	579.07	576.96	546.07	491.60	435.83	407.78	404.66	589.592	588.995

附表 13　某些液体的折射率($\lambda = 589.3$ nm)

液体	$T/℃$	n	液体	$T/℃$	n
水	20	1.333	三氯甲烷	20	1.446
丙酮	20	1.359	酒精	20	1.361
氨水	16.5	1.325	乙醚	22	1.351
苯	20	1.501	甲醇	20	1.329
溴	20	1.654	甲苯	20	1.495
二硫化碳	18	1.626	四氯化碳	15	1.463
二氧化碳	15	1.195	加拿大树胶	20	1.530

附表 14　某些物质中的声速

物质	$v/(\text{m} \cdot \text{s}^{-1})$	物质	$v/(\text{m} \cdot \text{s}^{-1})$
空气(0 ℃)	331.45	水(20 ℃)	1 482.9
一氧化碳	337.1	酒精(20 ℃)	1 168
二氧化碳	259.0	铝	5 000
氧	317.2	铜	3 750
氩	319	不锈钢	5 000
氮	337	金	2 030
氢	1 279.5	银	2 680

附表 15　不同温度下干燥空气中的声速 $v_t = v_0 (1 + t/T_0)$

室温 $t/℃$	0	1.0	2.0	3.0	4.0	5.0	6.0	7.0	8.0	9.0
$V/(\text{m} \cdot \text{s}^{-1})$	331.45	332.050	332.661	333.265	333.868	334.470	335.071	335.670	336.269	333.866
室温 $t/℃$	10	11	12	13	14	15	16	17	18	19
$V/(\text{m} \cdot \text{s}^{-1})$	337.463	333.058	338.652	339.246	339.838	340.429	341.019	341.609	342.197	342.784
室温 $t/℃$	20	21	22	23	24	25	26	27	28	29
$V/(\text{m} \cdot \text{s}^{-1})$	343.370	343.955	344.539	345.123	345.705	346.286	346.886	347.445	348.024	348.601
室温 $t/℃$	30	31	32	33	34	35	36	37	38	39
$V/(\text{m} \cdot \text{s}^{-1})$	349.177	349.753	350.328	350.901	351.474	352.040	352.616	354.187	353.755	354.323

参考文献

［1］刘俊星.大学物理实验［M］.北京:清华大学出版社,2020.

［2］袁国祥.大学物理实验教程(第二版)［M］.北京:高等教育出版社,2016.

［3］陆佩.大学物理实验(第二版)［M］.北京:中国水利水电出版社,2010.

［4］孙文斌.大学物理实验［M］.北京:北京邮电大学出版社,2011.

图书在版编目(CIP)数据

大学物理实验教程:全2册/胡亚华主编;刘俊星,牛连平,朱永安副主编.
—上海:复旦大学出版社,2022.8
ISBN 978-7-309-16317-9

I.①大… II.①胡…②刘…③牛…④朱… III.①物理学-实验-高等学校-教材 IV.①O4-33

中国版本图书馆 CIP 数据核字(2022)第 128796 号

大学物理实验教程:全 2 册
胡亚华 主编
刘俊星 牛连平 朱永安 副主编
责任编辑/梁 玲

复旦大学出版社有限公司出版发行
上海市国权路 579 号 邮编:200433
网址:fupnet@ fudanpress.com http://www.fudanpress.com
门市零售:86-21-65102580 团体订购:86-21-65104505
出版部电话:86-21-65642845
上海丽佳制版印刷有限公司

开本 787×1092 1/16 印张 17 字数 393 千
2022 年 8 月第 1 版
2022 年 8 月第 1 版第 1 次印刷

ISBN 978-7-309-16317-9/O · 715
定价:49.00 元